视频隐写技术研究

刘云霞 著

科学出版社

北 京

内 容 简 介

本书对当前主流的视频隐写技术进行系统阐述，主要包括作者及其团队在控制帧内失真漂移和鲁棒视频隐写领域的研究成果及其他主流的视频隐写算法。针对原始域的视频隐写技术，介绍基于 LSB 和 DWT 的视频隐写算法；针对压缩域的视频隐写技术，提出基于 H.264/AVC、H.265/HEVC 无帧内失真漂移视频隐写算法，介绍基于帧内预测模式、运动矢量和熵编码的视频隐写算法；针对可逆隐写技术，提出基于单系数的无帧内失真漂移可逆隐写算法，介绍基于二维直方图平移的视频可逆隐写算法；针对鲁棒视频隐写技术，提出基于 BCH 码、单秘密共享和多秘密共享的鲁棒视频隐写算法；对视频隐写技术进行总结和展望。

本书可供在视频隐写、视频数字水印、图像信息隐藏等领域开展相关研究的高年级本科生、研究生、科研人员、开发技术人员等在学习和研究时参考使用。

图书在版编目(CIP)数据

视频隐写技术研究 / 刘云霞著. — 北京：科学出版社，2024.6
ISBN 978-7-03-074839-3

Ⅰ. ①视… Ⅱ. ①刘… Ⅲ. ①电子计算机－密码术 Ⅳ. ①TP309.7

中国国家版本馆 CIP 数据核字(2023)第 026281 号

责任编辑：陈 静 董素芹 / 责任校对：胡小洁
责任印制：师艳茹 / 封面设计：迷底书装

科 学 出 版 社 出版
北京东黄城根北街 16 号
邮政编码：100717
http://www.sciencep.com

北京富资园科技发展有限公司印刷
科学出版社发行 各地新华书店经销

*

2024 年 6 月第 一 版 开本：720×1 000 1/16
2024 年 6 月第一次印刷 印张：12
字数：241 000

定价：109.00 元
(如有印装质量问题，我社负责调换)

前　　言

隐写(隐写术)是信息隐藏技术的一个重要分支,是把秘密信息嵌入载体中让授权者接收,非授权者则无法感知该传递行为及其内容的一种技术。历史上最早记载的隐写可追溯到古希腊。其间虽有藏头诗等隐写方法的应用,但直到20世纪90年代它才引起各国学者和研究团队的注意,开始赋予它新的活力与使命。1996年5月,以数字视频隐写为主要议题、标志着信息隐藏学诞生的第一届国际信息隐藏会议在英国剑桥召开;1999年12月我国第一届信息隐藏学术研讨会召开。此后,国内学术界开始对信息隐藏研究高度重视,国家高技术研究发展计划(863计划)、国家重点基础研究发展计划(973计划)、国家自然科学基金等都把信息隐藏的研究纳入了项目资助的范围,信息隐藏引来了不同专业领域的国内外专家和学者以及众多国际公司和机构的关注,信息隐藏技术也发展到了一个新的阶段。

截至2021年12月,我国网民规模达10.32亿人,网络视频用户规模达9.75亿人(占全体网民比例为94.5%),尽管多媒体信号如文本、音频、图像与视频等均可作为载体嵌入秘密信息,但因网络视频已经成为互联网上最丰富、最大量和最大众的应用载体并随着短视频应用的普及呈现爆发式增长,以视频为载体的视频隐写已经逐步成为信息安全领域重要的研究课题。本书分为7章对视频隐写技术进行探讨,第1章介绍视频编码标准发展历程及后面隐写算法所用到的视频编码技术。第2章概述视频隐写技术分类及其主要性能评价指标。第3~6章分类介绍原始域视频隐写技术、压缩域视频隐写技术、可逆视频隐写技术、鲁棒视频隐写技术,第7章是总结与展望。

在网络安全愈发重要的今天,视频隐写因其载体被广泛使用和编码技术的发展,在理论研究和应用实践上既具有挑战性又充满乐趣,幸运的是研究者一直在这个方向上努力且已经取得了一些成果。希望本书的出版能起到抛砖引玉的作用,能激发出更多的理论及应用研究并产生更大的价值,对于有志于从事视频隐写研究的读者来说,希望本书能够给您带来些许启发或灵感,期待您能在本书中找到您感兴趣的研究方向。本书虽在兼顾视频隐写理论与方法的同时还兼顾了广度与深度,但仍有很多不足的地方,欢迎广大同行批评指正。

感谢团队成员赵红国老师、刘思老师、冯聪老师、赵正航硕士研究生等对本书做出的贡献，他们的辛苦工作加快了本书的出版；感谢与我们合作的专家、教授、李宇翀博士等在本书讨论会上给出的建议，让我们颇受启发、受益良多。感谢胡洋、张春田、苏育挺、杨洁、李松斌、徐达文、王让定、施云庆、马晓静、赵娟等同行的辛苦努力，他们的研究成果让本书更加完整与丰盈。

感谢国家自然科学基金委员会对团队的资助，感谢家人与朋友在生活及精神上的支持，感谢每一位读者的支持，你们的认可使我们的撰写变得有意义，相信未来因你们的加入，视频隐写这个方向会越来越好！

刘云霞

2024 年 6 月

目　　录

第 1 章　视频编码技术概述

1.1　视频编码标准发展历程

国际上制定视频编码标准的机构主要有国际电信联盟远程通信标准化部门 (International Telecommunication Union Telecommunication Standardization Sector，ITU-T) 的视频编码专家组 (Video Coding Experts Group，VCEG) 和国际标准化组织/国际电工委员会 (International Organization for Standardization/International Electrotechnical Commission，ISO/IEC) 的运动图像专家组 (Motion Picture Experts Group，MPEG)。VCEG 制定的视频编码标准通常被称为 H.26x 系列，MPEG 制定的视频编码标准被称为 MPEG 系列。ITU-T 与 ISO/IEC 合作制定了 H.262/ MPEG-2、H.264/AVC (advanced video coding，高级视频编码)、H.265/HEVC (high efficiency video coding，高效率视频编码) 标准以及目前最新的视频编码标准 H.266/VVC (versatile video coding，多功能视频编码)，其中 H.264/AVC 标准是目前市场上应用最广泛的视频编码标准。中国国家标准化管理委员会 (Standardization Administration of China，SAC) 在 2002 年正式成立了中国数字音视频编码标准 (Audio Video Coding Standard，AVS) 工作组，相继制定完成了 AVS、AVS+、AVS2 和 AVS3 等标准。图 1.1 给出了国内外视频编码标准工作组制定的编码标准。

1.1.1　早期视频编码标准

早期的视频编码标准主要包括 ITU-T 制定的 H.261、H.263、H.263+标准和 ISO/IEC 制定的 MPEG-1、MPEG-4 标准，以及 ISO/IEC 与 ITU-T 首次合作制定的 H.262/MPEG-2 标准等。

H.261 标准[1]是由 ITU-T 制定的，1990 年 12 月被批准为国际标准，是该组织制定的 H.26x 系列数字视频编码标准中的第一个标准，也是首个被正式批准并得到广泛应用的数字视频编码标准。H.261 标准最初是为实现综合业务数字网 (integrated services digital network，ISDN) 上的电话会议应用而设计的，由于该标准增设了额外的可用比特率，可以高质量地传输更复杂的图像，因此能够满足可视电话和视频会议等应用的视觉质量要求。H.261 标准使用帧间预测 (inter prediction) 技术消除时间冗余，使用 8×8 的离散余弦变换 (discrete cosine transform，DCT) 消除空间冗

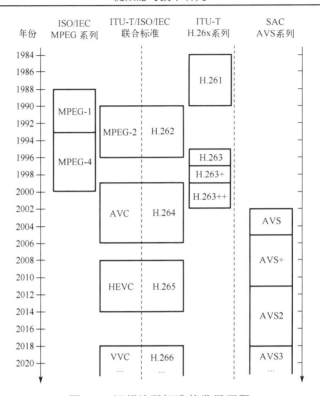

图 1.1 视频编码标准的发展历程

余，使用阶梯量化(quantization)消除视觉冗余，使用熵编码(entropy encoding)技术消除统计冗余。这些预测(prediction)、变换等编码技术组成了一直沿用至今的混合编码(hybrid coding)框架[2]。

MPEG-1 标准[3]是由 ISO/IEC 制定的，1992 年 12 月被批准为国际标准，是首个定义实时视频和音频压缩的 MPEG 标准。MPEG-1 标准主要针对当时广泛应用的视频会议、视频通话以及新型存储媒体介质只读光盘存储器(compact disc read-only memory，CD-ROM)而设计，能够满足 ISDN、局域网等不同通信网络的需求。MPEG-1 标准在借鉴 H.261 标准的混合编码框架基础上还采用了双向帧间预测编码(即 B 帧，bidirectional predicted frame，双向预测帧)、块方式的运动补偿以及基于人眼视觉系统的自适应量化技术等。

MPEG-2 标准[4]是 MPEG 系列的第二个标准。ISO/IEC 在 1990 年末开始了 MPEG-2 标准的制定工作，1991 年 11 月举行了视频编码算法的竞争性测试，1993 年 11 月完成了标准草案。MPEG-2 标准最初由 9 个部分组成，前 5 个部分的组织方式与 MPEG-1 标准相同，分别为系统、音频、视频、一致性测试和仿真软件技术报告。MPEG-2 标准的第 6 部分指定了一整套的数字存储媒体控制命令(digital storage media-command & control，DSM-CC）。第 7 部分是非向后兼容音频的规范。第 8 部分原本计划是 10 位视频编码，但后来被废止。第 9 部分是传送码流译码器的实时接口规范，可适用于所有兼容 MPEG-2 标准传输码流的网络。MPEG-2 标准在 MPEG-1 标准的基础上扩展了许多功能，如支持高分辨率图像、大范围的数据速率、多声道的环绕声、多种图像分辨率、位速率不变、隔行扫描（scan）等，是一种具有更高的图像质量、更多图像格式和传输码率的视频压缩标准。由于 MPEG-2 标准实际上是由 ISO/IEC 和 ITU-T 联合制定的，因此在 ITU-T 标准体系下被称为 ITU-T H.262 标准。

H.263 标准[5]是由 ITU-T 于 1995 年制定的视频编码标准，也是最早用于低码率视频编码的标准。H.263 标准由 H.261 标准扩展而来，并且参考 MPEG 系列标准进行了局部算法改进，引入了可选的高级编码选项，增加了重叠块运动补偿、去块效应滤波器、B 帧双向预测、基于半像素精度的运动估计等技术，进一步提高了压缩效率和容错性，适用于低码率通信环境下（如基于公共电话网或其他基于电路交换的网络）的视频会议和可视电话等应用场景。1998 年 2 月，ITU-T 在 H.263 标准原始版本的基础上推出了增强功能的第二版视频编码标准 H.263+[6]标准（也称 H.263v2 标准），不仅显著提高了编码效率，还提供定制视频格式和帧率以及抵抗传输过程中数据丢失的鲁棒功能等。2000 年底，ITU-T 在 H.263+标准的基础上又完成了第三版视频编码标准 H.263++（也称 H.263v3 标准）[7]，进一步增加了选项 U（增强型参考帧选择）、选项 V（数据分片）和选项 W（补充信息）等功能来加强码流在恶劣传输信道上的鲁棒性能，同时也提高了编码效率。

MPEG-4 标准[8]是由 ISO/IEC 制定的，2000 年初被批准为国际标准。与 MPEG-1 标准和 MPEG-2 标准不同的是，MPEG-4 标准不仅包含音视频编码内容，还将众多多媒体应用集成于一个完整的框架内，旨在为多媒体通信及应用环境提供标准算法及工具，建立起一种能被多媒体传输、存储、检索等应用领域普遍采用的统一数据格式。在视频编码方面，MPEG-4 标准支持对自然和合成视觉对象的编码（包括 2D 动画、3D 动画和人的面部表情动画等）。在音频编码方面，MPEG-4 标准可以在相关编码工具的支持下，对语音、音乐等自然声音对象和混响、混读等合成声音对象进行音频编码。MPEG-4 标准由一系列被称为部（part）的子标准组成，其中第 2 部（Parts 2，ISO/IEC 14496-2）和第 10 部（Parts 10，ISO/IEC 14496-10）与视频相关。第 2 部定义了对各类视觉信息（包括自然视频、静止纹理、计算机合成图形等）的编码器，该部内容实际上与 ITU-T 制定的 H.263 标准一致，故业界也称第 2 部为 H.263 标准。第 10 部定义了功能更高级的视频编码器，被称为高级视频编码，因该部内容与 H.264 标准一致而被业界称为 H.264 标准。

1.1.2　H.264/AVC

H.264/AVC 标准[9]（后文简称为 H.264/AVC）是由 ITU-T 与 ISO/IEC 联合制定的，2003 年 5 月被批准为国际标准。H.264/AVC 名称中的 H.264 表示该标准为 ITU-T 的 H.26x 系列标准之一，是 ITU-T 的专家组对该标准的命名，AVC 则是 ISO/IEC 的 MPEG 对该标准的命名。后续 ISO/IEC 和 ITU-T 联合制定的 H.265/HEVC 和 H.266/VVC 标准也用同样的命名方式来表明该类标准是双方联合制定的。

H.264/AVC 不仅采用了和以前的视频编码标准一样的预测加变换编码的混合编码模式，还采用了高精度的亚像素运动补偿、使用小块精确匹配的整数变换、自适应去除块效应的滤波器、基于上下文的自适应熵编码等更多更为先进的视频编码技术[10]。H.264/AVC 编码过程主要包括以下 5 个部分：预测、变换、量化、环路滤波和熵编码。

1) 预测

H.264/AVC 的预测技术可分为帧内预测（intra prediction）和帧间预测。为了降低 H.264/AVC 的编码空间冗余，帧内预测的当前块的预测值由前片中已编码好的参考图像的像素值结合选定的预测模式得到，帧间预测的当前块的预测值由其他参考图像中的像素值经过运动补偿得到。为了提高精度，H.264/AVC 中实际的参考图像是从当前帧的前面或后面选取的。在帧内预测的模式下，依据与当前块邻接的且已经编码和重建后的宏块（macroblock, 4×4 亮度块或 16×16 亮度块）形成预测块（prediction block，PB），然后当前块与预测块相减得到残差值，再对这个残差值进行变换、量化与熵编码等操作。为了使预测块和当前块的残差值最小，对当前块进行编码时，通常会按一定的算法选择最优的编码模式。H.264/AVC 除支持 P 帧（forward predicted frame，前向预测帧）、B 帧外，还支持一种新的流间切换（bitstream switching）帧——SP（switching predictive，切换预测）帧。当码流中包含 SP 帧后，能支持视频在内容类似但码率不同的码流之间快速切换，并支持拼接（splicing）、随机接入（random access）、快进快退（fast_forward，fast_backward）以及错误恢复（error recovery）等应用。H.264/AVC 的运动估计和补偿方案不仅支持先前视频编码标准中的大部分关键技术，还增加了多类型宏块分割、多帧预测、加权预测、高精度的亚像素运动补偿等功能。

2) 变换

H.264/AVC 使用了 4×4 整数离散余弦变换（DCT），由于它是以整数为基础的空间变换，因此在逆变换过程中不存在小数取舍误差的问题。与浮点 DCT 相比，整数 DCT 还同时减少了运算量并降低了复杂度。

3）量化

H.264/AVC 中可选择 52 种不同的量化步长，相比于 H.263 标准的 31 种量化步长有很大提升，在压缩后的视频视觉质量上能够有更加精细的选择。

4）环路滤波

H.264/AVC 定义了自适应去除块效应（块效应指相邻块间的边界像素值出现明显差异）的滤波器，对宏块边界进行去块滤波，按照从左到右、从上到下的光栅扫描顺序对宏块进行去块处理，即先从左到右进行垂直边界滤波，再从上到下进行水平边界滤波，从而极大地减少了块效应。由于 H.264/AVC 的滤波编码发生在视频帧重建之后，去块滤波器被放置在编码器的视频帧重建环路当中，因此它被称为环路滤波器。

5）熵编码

H.264/AVC 采用了两种不同的熵编码方法，除了通用的可变长编码（universal variable length coding，UVLC）之外，还使用了基于上下文的自适应二进制算术编码（context-based adaptive binary arithmetic coding，CABAC），虽然其计算成本较高，但包含的上下文建模模块和概率更新模块显著提升了整体熵编码性能。

H.264/AVC 所具备的编码技术使其具有更高的编码效率。在同等画质条件下，H.264/AVC 比之前的视频编码标准平均节省大约 50%的码率[11]，能极大地节省用户的下载时间和数据流量收费。在同等编码速率条件下，H.264/AVC 编码可以拥有更高的视频质量，能够满足有线电视远程监控、交互媒体、数字电视、视频会议、视频点播、流媒体服务等各种复杂应用的需求。同时，H.264/AVC 还支持低延时编码、丢包处理及比特错误处理机制，具有更强的鲁棒恢复能力。

1.1.3　H.265/HEVC

H.265/HEVC 标准[12]（后文简称为 H.265/HEVC）是由 ITU-T 与 ISO/IEC 联合制定的，2013 年 1 月被批准为国际标准。虽然目前 H.265/HEVC 没有 H.264/AVC 的普及率高，但其因压缩性能是 H.264/AVC 的两倍以上及在编码 4K 视频、3D 蓝光及高清电视节目方面的明显优势正逐渐成为主流 4K 超高清视频编码标准。

与 H.264/AVC 相比，H.265/HEVC 定义了一套新的用于视频帧结构划分的语法单元，其中以编码单元（coding unit，CU）作为帧划分编码过程中的基本单元；以预测单元（prediction unit，PU）作为帧内预测和帧间预测编码过程的基本单元；以变换单元（transform unit，TU）作为变换量化编码过程的基本单元。H.265/HEVC 虽仍采用基于块的混合编码结构，但编码单元的尺寸最大为 64×64，相比于 H.264/AVC 的 16×16 宏块最大尺寸能够更有效地压缩信息，所有尺寸（64×64、32×32、

16×16 和 8×8)的编码单元都以四叉树结构进行划分，而四叉树划分方法正是 H.265/HEVC 极为重要的一个创新技术。H.265/HEVC 编码器首先将待编码视频分为若干图像组(group of picture，GOP)，每一个 GOP 由连续的多个图像帧组成；然后对每一帧进行四叉树划分，划分过程中的基本单位是编码树块(coding tree block，CTB)[13]，每一帧通常是由大小相同的多个 CTB 组成的，CTB 可以进一步划分为更小的编码块(code block，CB)，CB 还可以划分为用于进行预测的预测块(PB)与用于变换的变换块(transform block，TB)。由于视频帧内的像素值通常是由 Y、U、V 三个分量组成的，因此一个 CU 就包含了三个 CB(CB-Y、CB-U、CB-V)，同理，一个 PU 就包含了三个 PB(PB-Y、PB-U、PB-V)，一个 TU 就包含了三个 TB(TB-Y、TB-U、TB-V)。图 1.2 展示了 H.265/HEVC 编码的顺序与结构。

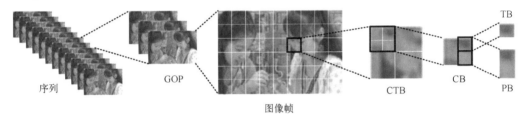

图 1.2　H.265/HEVC 编码的顺序与结构

H.265/HEVC 在 H.264/AVC 基础上对亮度分量提出更为精确的帧内预测技术，提供 33 种角度预测以及直流(direct current，DC)预测和平面(planar)预测，共计 35 种帧内预测模式(intra prediction mode，IPM)，如图 1.3 所示[14]。其中，V 表示垂直角度，H 表示水平角度，模式 0 为平面预测模式，适用于视频帧内纹理平稳的像素块；模式 1 为 DC 预测模式，适用于颜色一致且无纹理细节的像素块；模式 2～34 代表涵盖 180°范围的角度预测模式，适用于与相邻块纹理相似的像素块。为了便于理解，以模式 26 为例(该模式是 90°垂直角度)。对于一个 4×4 尺寸的预测块，该块的像素值由两部分组成，一是该块正上方邻边的 4 个预测像素值，二是该块实际像素值与其正上方对应预测像素值的差值。若设这个 4×4 预测块左上角的实际像素值为 a，该像素正上方的预测像素值为 b，那么 a 就可以由 b 和 $a-b$ 组成，因为 b 已知，所以只需要编码 $a-b$ 即可。由于空间相似性会使相邻像素值往往比较接近，因此 $a-b$ 通常较小或等于 0，这样就极大地降低了需要编码的数据量。

1.1.4　H.266/VVC

随着宽带互联网服务的覆盖范围持续快速地增长，网络视频占全球数据流量的份额已达到 80%，4K 超高清分辨率电视在家用电视机中的占比预计到 2024 年将超过三分之二[15]，高分辨率电视的逐渐普及对视频压缩编码质量提出了更高的要求。针对超高清视频编码需求，ITU-T 与 ISO/IEC 从 2015 年开始联合制定 H.266/VVC 标准[16]，于 2020 年 7 月最终完成。H.266/VVC 标准作为专为 4K/8K 超高清分辨率视频构建的新一代视频编码标准，相比 H.265/HEVC 极大地提升了压缩性能，可支持在视频清晰度不变的同时减少 50% 的数据容量。例如，使用 H.265/HEVC 编码一段 90min 的超高清视频大约需要 10GB 的数据容量，而 H.266/VVC 标准仅需要 5GB 就可以完成，同等画质下将节省 50% 的传输流量。

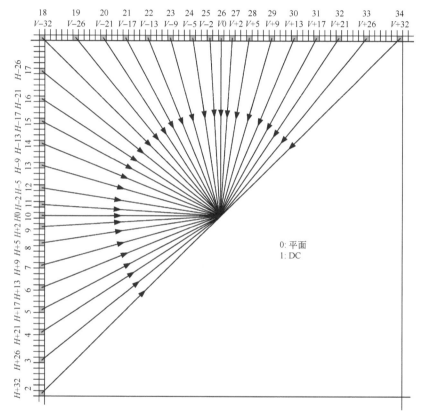

图 1.3　H.265/HEVC 帧内预测模式

与 H.265/HEVC 相比，H.266/VVC 标准的最大编码树单元(coding tree unit，CTU)增至 128×128，并对编码单元、预测单元和变换单元的大小进行了统一。在编码结构上，H.266/VVC 标准采用了多类型树(multi-type tree，MTT)结构，即在 H.265/HEVC 四叉树划分结构的基础上增加了二叉树(binary tree，BT)划分结构和三叉树(ternary tree，TT)划分结构。二叉树结构和三叉树结构存在水平和垂直两种方向，其中二叉树将编码单元划分为两个大小一致的矩形块，三叉树将编码单元按 1∶2∶1 的比例划分成 3 个矩形块，如图 1.4 所示，图中 VER 表示垂直划分，

HOR 表示水平划分。新增的二叉树结构和三叉树结构使编码块划分更加精细。

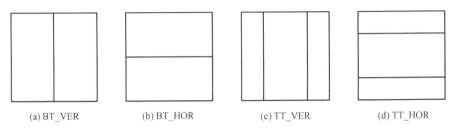

(a) BT_VER   (b) BT_HOR   (c) TT_VER   (d) TT_HOR

图 1.4   H.266/VVC 中的二叉树结构和三叉树结构

与 H.265/HEVC 中统一的亮度和色度编码块划分结构相比，H.266/VVC 标准对 I 帧(帧内编码帧)的色度块采用独立的编码块划分结构[17]，色度块不再与亮度块一一对应，而是各自使用不同的编码参数。对于 B 帧和 P 帧，亮度和色度编码块仍然具有相同的划分结构。

H.266/VVC 标准将 H.265/HEVC 帧内预测模式中的 33 种角度预测细化至 65 种，还有改进的 DC 预测模式以及平面预测模式，共计使用了 67 种帧内预测模式[18]，如图 1.5 所示。

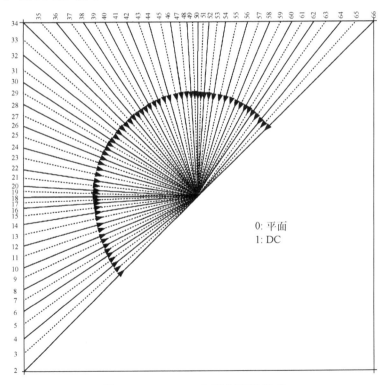

图 1.5   H.266/VVC 帧内预测模式

H.266/VVC 标准在 H.265/HEVC 的基础上增加了二叉树、三叉树以及混合树等多种划分方式，使用了改进 DC 预测模式等新的编码工具[19]，实现了更优的压缩性能，更适用于超高清视频传输及存储[20]。

1.1.5 AVS 系列

AVS 工作组自 2002 年 6 月成立以来，一直致力于建立我国自主知识产权的音视频编码标准体系，制定高压缩率和适应高清应用的视频编码标准，即 AVS 体系[21]，从技术上完成了跟跑、并跑到领跑国际的跨越，使 AVS 成为我国自主创新的一面旗帜。第一代音视频国家标准 AVS+ 已实现了覆盖全国地面数字电视及卫星高清频道应用。第二代音视频国家标准 AVS2 在 2018 年 10 月正式应用于中央电视台 4K 超高清频道，此后全国各地新发布的 4K 超高清频道均采用了 AVS2。

AVS3[22]是我国 AVS 系列编码标准的第三代技术，是全球首个正式发布面向 8K 及 5G 产业应用的视频编码标准，于 2021 年在中国中央电视台(China Central Television，CCTV)-8K 频道完成首次试播。AVS3 的制定工作分为两个阶段：第 1 阶段(基准档次)是从 2018 年 3 月至 2019 年 6 月，主要制定复杂度相对较低的编码方案，其编码效率相较于 AVS2 提升 30%；第 2 阶段(增强档次)是从 2019 年 6 月至 2021 年 12 月，其编码效率相较于 AVS2 提升 1 倍以上，并且性能已超越了同时代其他国际视频编码标准。

AVS3 沿用了基于块的预测变换混合编码框架，包括块划分、帧内预测、帧间预测、变换量化、熵编码、环路滤波等模块。相较于 AVS2，AVS3 在保留部分编码工具的同时，针对不同模块引入了一些新的编码技术[23](如扩展四叉树、仿射运动预测、自适应运动矢量精度、基于历史信息的运动矢量预测、大跨度预测编码、基于位置的帧间残差等)，并采用了更灵活的块划分结构、更精细的预测模式及更具适应性的变换方案，实现了约 30%的码率节省，显著提升了编码性能。此外，AVS3 还率先引入了人工智能神经网络技术进行编码，成为首个具有"智能化要素"的视频编码标准。

2022 年 7 月，数字视频广播组织(Digital Video Broadcasting Project，DVB Project)指导委员会正式批准我国的 AVS3 视频编码标准成为 DVB 标准体系中下一代 4K/8K 视频编码标准之一。目前，AVS3 已通过电视、互联网、移动设备等方式在 2021 年央视春节联欢晚会、2022 年北京冬奥会等多个大型直播活动中得到广泛应用。

1.2　视频数据冗余

数字视频在未经压缩前一般数据量相当大，为了高效地存储和传输视频数据，需要首先通过视频编码技术对原始数据进行压缩，形成 1.1 节所介绍的视频编码标准。视频各帧内的像素数据之间存在很强的相关性，利用这些相关性，一部分像素的数据可以由另一部分像素的数据推导出来，可以被推导出来的那部分数据就称为视频数据冗余。数字视频的数据之所以能够被压缩是因为其本身存在着大量的数据冗余，视频压缩的本质就是去除冗余信息。视频数据冗余可以进一步分为空间冗余、时间冗余、统计冗余和视觉冗余。

1.2.1　空间冗余

空间冗余[24]是主要存在于视频帧内的数据冗余，如视频某帧由一个大的背景区域和一些前景对象组成，那么这个背景区域范围内各像素的光强、色彩与饱和度通常会非常相近，这种空间相邻像素之间的数据连贯性(或相似性)称为空间冗余。目前，帧内预测和基于正交函数集的变换编码是去除空间冗余的主要方法。其中，帧内预测是采用相邻边界上已重建的像素值来估算当前编码像素的数值，从而减少了记录当前编码像素值的数据容量。变换编码是采用离散傅里叶变换(discrete Fourier transform，DFT)、离散余弦变换等数学工具把视频帧转换到频域上进行处理，依据人类视觉系统对不同频率信号变化的敏感度进行数据表示和比特重分配，从而有效去除空间冗余数据。

1.2.2　时间冗余

时间冗余[25]是主要存在于视频帧间的数据冗余，因为视频序列中的连续几帧通常会包含相同或相似的场景和运动对象(例如，一个典型的考场监控视频，视频中考场背景是相同且固定的，考生作为运动对象也不会有较大动作)，所以相邻两帧之间的场景内容可能保持不变或只有轻微的改变。用已编码的邻帧作为参考帧来估算当前编码帧就可以节省大量存储空间，这种因为时间渐变性而产生的帧间数据连贯性(或相似性)称为时间冗余。目前，基于块划分的运动估计和运动补偿等帧间预测技术是去除时间冗余的主要方法，并且能够使视频编码获得较高的压缩比例。

1.2.3　统计冗余

统计冗余[26]是指视频信号在传输过程中用符号表示不同信源时产生的冗余。根据统计信息，不同信源会有不同的出现概率，如果不根据信源出现概率决定信源符号的长短，对所有的信源符号采用等长编码，就会产生统计冗余。从视频编码角度看，对于出现概率较高的信源，应分配较短的码字(codeword)；反之，则应分配较长的码字，这样可以降低信源的平均码字长度。目前，基于上下文的自适应变长编码(context-based adaptive variable length coding，CAVLC)和基于上下文的自适应二进制算术编码(CABAC)等熵编码技术是去除统计冗余的主要方法。

1.2.4　视觉冗余

视觉冗余[27]是由人类视觉系统的特性而产生的，因为人类实际并不能完全接收到所看到的信息。人类的视觉系统对于图像的敏感度是非均匀、非线性的，人眼获取图像信息的能力最高为 20bit/s[28]，即人眼对某些视频失真并不敏感，对视频中出现的一些细微变化也无法感知，这种人眼不敏感或难以感知的视频数据称为视觉冗余。为了去除视觉冗余，通常在频域使用量化编码来丢掉一些人眼不敏感的高频信号分量(如对像素亮度值进行 DCT 后,高频部分会集中在 DCT 系数块的右下方,可以视作视觉冗余进行处理)。编码后的视频与原始数字视频之间存在一定的失真，但人眼一般不能分辨出两者的区别。

1.3　视频编码关键技术

本节主要介绍本书所涉及的视频编码关键技术。目前，主流的视频编码器采用的主要技术有预测、变换、量化、扫描及熵编码，它们在编码器中的基本次序如图 1.6 所示。

图 1.6　视频编码关键技术流程图

1.3.1　预测

视频编码中的预测技术利用视频序列的空间和时间相关性，使用已编码的像素来预测当前需要编码的像素，可以大大减少编码当前像素所需的比特数。预测技术可分为帧内预测(去除空间冗余)和帧间预测(去除时间冗余)。一般用帧内预测编码的帧称为 I 帧，用前向帧间预测编码的帧称为 P 帧，用前向及后向帧间预测编码的帧称为 B 帧。当视频帧的内部内容比较相似时，帧内预测效率较高。当相邻帧内容比较相似时，帧间预测效率较高。根据香农的信息论，编码预测残差所需的比特数更少。

1. 帧内预测

帧内预测技术[29]基于当前像素和相邻像素之间的空间相关性,利用相邻像素的重构值对当前像素进行预测,通过计算当前像素值与其预测值之间的残差,来去除视频帧中存在的空间冗余信息。

早期的 H.26x 标准和 MPEG-x 标准采用的是帧间预测方法,从 H.264/AVC 开始采用帧内预测技术。为了使预测块和当前块的像素差值最小,对当前块进行编码时,通常会按一定的算法选择最优的编码模式。图 1.7(a)表示对 4×4 块进行预测时,其当前块的像素 $a\sim p$ 是由已编码块的边缘像素值 $A\sim M$ 按照一定的预测模式计算得到的。每种预测模式对应着一个运算公式,按照这个运算公式由像素 $A\sim M$ 计算得到 4×4 当前块像素预测值。H.264/AVC 中 4×4 编码块有 9 种预测模式,16×16 编码块有 4 种预测模式。图 1.7(b)给出了 4×4 编码块的预测模式,其中缺失的模式 2 并非方向预测模式,而是计算特定块内像素的平均值作为预测值。

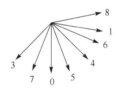

(a) 利用像素$A\sim M$对方块中$a\sim p$像素进行帧内4×4预测　　　　(b) 帧内4×4编码块的预测模式

图 1.7　H.264/AVC 帧内 4×4 编码块预测方案

为了达到最佳编码效率,H.264/AVC 采用率失真优化(rate distortion optimization,RDO)技术来选择最佳预测模式。H.264/AVC 的帧内预测技术虽然可以实现较为优秀的画质,但由于需要计算和比较所有备选预测模式的率失真(rate-distortion,R-D)成本,因此计算复杂度较高。

为了改进帧内预测编码性能,H.265/HEVC 提供了基于四叉树的编码单元块划分结构和多达 35 种预测模式(包括 33 种不同的帧内预测方向,以及平面预测模式和 DC 预测模式)。H.265/HEVC 通过粗略模式决策(rough mode decision,RMD)和率失真优化过程选择最佳预测模式。由于所有可能的深度级别(CU 大小)和帧内预测模式会产生巨大的最优预测模式搜索空间,H.265/HEVC 的帧内编码是一个非常耗时且复杂的过程,这在一定程度上限制了 H.265/HEVC 的应用。由于 H.265/HEVC 中的 CU 划分贯穿整个帧内预测编码过程,如何在不影响视频编码质量的前提下,有效降低帧内预测过程中 CU 划分的复杂度成为研究热点。

2. 帧间预测

帧间预测技术[30]利用相邻帧之间的相关性，根据前向或后向重构帧对当前帧进行预测，计算当前帧与其预测值之间的残差，达到去除时间冗余的目的。

帧间预测利用参考帧来预测当前帧。其中，前向预测是使用当前帧之前的编码帧作为参考帧，后向预测是使用当前帧之后的编码帧作为参考帧，这两种预测方法都是单向预测；为了进一步提高编码效率，还有一种双向预测技术，它结合了前向预测和后向预测；还有多帧预测技术是使用编码后的多个帧作为参考帧。图 1.8 给出了这些帧间预测模式。

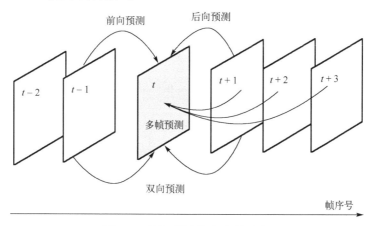

图 1.8　帧间预测的参考帧选择

帧间预测主要包括运动估计(运动搜索方法、运动估计准则、亚像素插值和运动矢量估计)和运动补偿两类。H.264/AVC 的帧间预测编码有别于以往的标准，具有更宽的块尺寸范围(从 4×4 到 16×16)，使用 1/4 亮度像素精度的亚像素运动矢量(motion vector，MV)和多个参考系等。与整个视频压缩过程中的其他过程相比，运动估计涉及的计算最多。H.265/HEVC 引入了具有竞争机制和合并模式的高级运动矢量预测(advanced motion vector prediction，AMVP)，该模式允许将具有相似运动信息的多个块合并到一个区域以共享运动信息。帧间预测编码同样是 H.265/HEVC 编码过程中比较耗时的部分，可以占到 H.265/HEVC 编码时间的 60%以上。

1.3.2　变换

变换[31]和量化技术通常结合起来用于去除视频序列中的视觉冗余。预测残差变换后，大部分能量集中在少量低频系数上。因为高频系数在编码过程中产生的失真人眼通常无法感知，所以可以根据人眼对高频和低频系数的敏感度差异，对它们进行不同程度的量化来实现数据压缩。

经过多年的发展，离散余弦变换(DCT)以其计算复杂度低、去相关效率高、能量集中性能好等优点在视频压缩中得到广泛应用。由于 DCT 在硬件上易于实现，并且对大多数自然图像具有良好的能量集中性，因此 H.26x 系列标准编码框架使用了 DCT。为了进一步降低 DCT 的计算复杂度，避免编解码器处的误差漂移，后续视频标准提出了整数 DCT 的概念。在 H.265/HEVC 中，4×4 尺寸的预测残差系数块使用了离散正弦变换(discrete sine transform，DST)，其他尺寸使用的仍然是 DCT。

根据式(1.1)所示的 DCT 定义，可以得到一个从空间域 f 到频域 F 的尺寸为 $N×N$ 的块变换：

$$F = C^{\mathrm{T}} f C \tag{1.1}$$

其中，C 为基矩阵。令 u、v 表示矩阵系数坐标，基矩阵系数 $C(u,v)$ 由式(1.2)定义：

$$C(u,v) = \begin{cases} 1/\sqrt{N}, & u = 0, 0 \leqslant v \leqslant N-1 \\ \sqrt{\dfrac{2}{N}} \cos \dfrac{(2v+1)u\pi}{2N}, & 1 \leqslant u \leqslant N-1, 0 \leqslant v \leqslant N-1 \end{cases} \tag{1.2}$$

在式(1.2)中执行的矩阵乘法需要很大的计算量。通常，可以通过执行两个一维 DCT 来降低二维 DCT 的复杂性，这称为行列方法。尽管进行了这种优化，仍有四个较小的矩阵乘法需要实现，所包含乘法运算的数量仍然很大。

1.3.3 量化

量化技术[32]是用于去除视觉冗余的编码技术，是平衡码率和视频失真的主要方法。量化过程通过降低数据表示的精度来达到数据压缩的目的。由于经过变换的系数具有能量集中分布的特点，大部分能量集中在低频部分，小部分能量分布在高频部分。由于人类视觉系统对高频信息不敏感，所以可通过量化过程消除非零高频系数去除视觉冗余。

量化后的视频帧由于数据精度的变化而无法无损恢复，原视频帧与重建视频帧之间存在误差(称为失真)。因此，量化是调整视频帧质量和压缩效率的主要技术手段，是一种有损压缩技术。量化步长越长，视频压缩效率越高，重建视频帧的失真也越大。

与 H.264/AVC 相比，H.265/HEVC 编码方案中几乎对每个部分都进行了改进。但是，默认的量化方法仍是均匀重构量化(uniform reconstruction quantization，URQ)，依然与 H.264/AVC 相同。使用 URQ 策略，TU 内的所有变换系数都使用统一的量化参数(quantization parameter，QP)进行同等量化。H.264/AVC 和 H.265/HEVC 中定义了 52 个量化步长，对应 52 个 QP(0~51)，其中 QP 与量化步长 Q_{step}

的关系可以表示为

$$Q_{\text{step}} = 2^{(\text{QP}-4)/6} \tag{1.3}$$

根据式(1.3)，QP 每增加 6，Q_{step} 就翻倍。当 QP 等于 4 时，Q_{step} 就是 1。因此 QP 小于等于 4 时视频为无损压缩，一般情况下，QP 都大于 16。

1.3.4　扫描

主流的视频编码标准都先将每一帧切分为一系列的编码单元，然后按特定的扫描顺序逐一进行编码处理。常见的扫描[33]方式有两种，一种是光栅扫描(raster-scan)，另一种是 Z 字形扫描(Z-scan)。

光栅扫描，即从左到右，从上到下，先扫描完一行，再移至下一行起始位置继续扫描。在 H.264/AVC 中使用的主要扫描方式就是光栅扫描。Z 字形扫描即形如字母 Z 的扫描顺序，如图 1.9(a)所示。

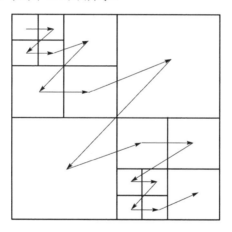

(a) CTU 分区和 Z 字形扫描处理顺序

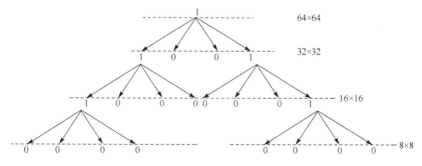

(b) 对应的编码树结构

图 1.9　CTU 分区和处理顺序示例

H.265/HEVC 中的编码单元采用的是递归划分的方式,因此采用了 Z 字形扫描顺序。对于每个要编码的视频帧,H.265/HEVC 编码器首先将其划分为若干个不重叠的编码树单元(CTU,CTU 类似于 H.264/AVC 中的宏块)。为了适应不同的局部特征,每个 CTU 按照四叉树结构划分为若干个 CU。CU 是 H.265/HEVC 编码的基本单元(具有方形结构),并与预测模式(帧内或帧间)相关联。图 1.9 中的 CTU 大小为 64×64,最小 CU 尺寸为 8×8。图 1.9(a)显示了 CTU 的划分和 CU 处理的顺序,其中每个方块代表一个 CU,带箭头的线表示对 CU 的 Z 字形扫描处理顺序;图 1.9(b)为图 1.9(a)的 CTU 划分所对应的编码树结构,编码树上的数字表示对应的 CU 是否继续向下划分(1 表示继续划分;0 表示终止划分)。

1.3.5 熵编码

熵编码[34]是无损编码,用于去除视频编码中的变换系数、运动矢量和控制信息等统计冗余。目前广泛使用的熵编码方案包括两种,一种是变长编码(variable length coding,VLC),另一种是算术编码(arithmetic coding,AC)。变长编码压缩效率低于算术编码,但其计算复杂度较低。随着算术编码计算复杂度越来越低,算术编码逐渐成为新兴视频编码标准中的主流熵编码技术。

MPEG-1 标准和 MPEG-2 标准等早期视频压缩标准使用非自适应哈夫曼编码。这种简单的熵编码方案具有非常低的编码效率。除了非自适应哈夫曼编码之外,H.263 标准开始使用哈夫曼码表、变长编码和基于句法的算术编码(syntax-based arithmetic coding,SAC)。与变长编码相比,H.263 标准中的 SAC 可以实现 5%的编码效率增益。H.264/AVC 支持变长编码和算术编码两种熵编码,其中变长编码是 UVLC,算术编码是 CABAC。UVLC 包括非自适应 0 阶指数哥伦布编码和基于上下文的自适应变长编码(CAVLC),使用不同的变长编码方法对不同的句法元素进行编码。

在 CABAC 中,其包含的上下文建模模块和概率更新模块显著提升了编码性能。为了进一步提高 CABAC 的编码效率,CABAC 中的上下文建模模块仅使用当前宏块的上下宏块信息作为上下文的来源。H.265/HEVC 中的 CABAC 熵编码器主要包括二值化功能、上下文建模功能和二值算术编码引擎,其中算术编码引擎包含两种编码模式,一种是常规模式(上下文模型),另一种是旁路模式。与 H.264/AVC 相比,H.265/HEVC 中的 CABAC 熵编码器使用了较大数量的并行处理技术,以提高数据吞吐量。

参 考 文 献

[1] ITU-T (CCITT). Video codec for audiovisual services at p*64 kbit/s, Recommendation H.261. http://www.img.lx.it.pt/~fp/cav/Additional_material/H261_Recommendation.pdf[2022-01-01].

[2] Narroschke M. Coding efficiency of the DCT and DST in hybrid video coding. IEEE Journal of Selected Topics in Signal Processing, 2013, 7(6): 1062-1071.

[3] Motion Picture Expert Group. Information technology-Coding of moving pictures and associated audio for digital storage media up to about 1.5 Mbits-Part 2: Coding of moving pictures information. https://www.iso.org/standard/22411.html[2022-01-01]..

[4] IEC, ISO, ITU-T. Information technology-Generic coding of moving pictures and associated audio, in part 2: Video, ISO/IEC 13818-2(MPEG-2), ITU-T recommendation H.262, ISO/ IEC JTC1/SC29/WG11.http://exvacuo.free.fr/div/Technic/Sp%C3%A9cifications/MP3/ISO-IEC%20 13818-3.pdf[2022-01-01].

[5] Video coding for low bit rate communication, ITU-T recommendation H.263, version 1. https://www.etsi.org/deliver/etsi_en/301100_301199/301171/01.01.01_40/en_301171v010101 o.pdf[2022-01-01].

[6] Video coding for low bit rate communication, ITU-T recommendation H.263. https:// www.itu.int/rec/dologin_pub.asp?lang=e&id=T-REC-H.263-199802-S!!PDF-E&type=items [2022-01-01].

[7] Sullivan G. Draft for H.263++ Annexes U, V, and W to Recommendation H.263. ITU-T H-263, 2000: 1-46.

[8] Information technology-Generic coding of audio-visual objects, in part 2: Visual, draft ISO/EC 14496-2 (MPEG-4). https://home.mit.bme.hu/~szanto/education/mpeg/14496-2.pdf [2022-01-01].

[9] Wiegand T, Sullivan G J, Bjontegaard G, et al. Overview of the H.264/AVC video coding standard. IEEE Transactions on Circuits and Systems for Video Technology, 2003, 13(7): 560-576.

[10] 毕厚杰. 新一代视频压缩编码标准——H.264/AVC. 北京: 人民邮电出版社, 2005.

[11] Sullivan G J, Wiegand T. Video compression-from concepts to the H.264/AVC standard. Proceedings of the IEEE, 2005, 93(1): 18-31.

[12] Baroncini V, Ohm J R, Sullivan G J. Report of results from the call for proposals on video compression with capability beyond HEVC. Meeting Report of the 10th Meeting of the Joint Video Experts Team, San Diego, 2018: 10-20.

[13] Norkin A, Bjontegaard G, Fuldseth A, et al. HEVC deblocking filter. IEEE Transactions on Circuits and Systems for Video Technology, 2012, 22(12): 1746-1754.

[14] 万帅, 杨付正. 新一代高效视频编码 H.265/HEVC: 原理、标准与实现. 北京: 电子工业出版社, 2014.

[15] High efficiency video coding, ITU-T recommendation H.265 and ISO/IEC 23008-2(HEVC). https://www.itu.int/rec/dologin_pub.asp?lang=e&id=T-REC-H.265-202309-I!!PDF-E&type= items[2022-01-01].

[16] Huang Y W, Hsu C W, Chen C Y, et al. A VVC proposal with quaternary tree plus binary-ternary tree coding block structure and advanced coding techniques. IEEE Transactions on Circuits and Systems for Video Technology, 2020, 30(5): 1311-1325.

[17] Huang Y W, An J C, Huang H, et al. Block partitioning structure in the VVC standard. IEEE Transactions on Circuits and Systems for Video Technology, 2021, 31(10): 3818-3833.

[18] 周芸, 胡潇, 郭晓强. H.266/VVC 帧内预测关键技术研究. 广播与电视技术, 2019, 46(12): 62-69.

[19] Filippov A, Rufitskiy V, Chen J, et al. Intra prediction in the emerging VVC video coding standard. 2020 Data Compression Conference, Salt Lake City, 2020: 367.

[20] 刘小卉. 新一代视频编码标准 VVC/H.266 及其编码体系发展历程. 现代电视技术, 2021 (3): 136-139.

[21] Gao W. AVS standard-Audio video coding standard workgroup of China. Proceedings of the 14th Annual International Conference on Wireless and Optical Communications, Newark, 2005: 54.

[22] Fu T L, Zhang K, San L Z, et al. Unsymmetrical quad-tree partitioning for audio video coding standard-3(AVS-3). Proceedings of the 2019 Picture Coding Symposium, Ningbo, 2019.

[23] Zhang J Q, Jia C M, Lei M, et al. Recent development of AVS video coding standard: AVS 3. Proceedings of the 2019 Picture Coding Symposium, Ningbo, 2019.

[24] 高文, 赵德斌, 马思伟. 数字视频编码技术原理. 北京: 科学出版社, 2010.

[25] 张弘. 基于 FPGA 的视频图像处理的研究与实现. 成都: 电子科技大学, 2020.

[26] 姚远志. 数字视频信息隐藏理论与方法研究. 合肥: 中国科学技术大学, 2017.

[27] 徐长勇. 视频数字隐写与隐写分析技术研究. 郑州: 解放军信息工程大学, 2009.

[28] Donoho D L, Vetterli M, DeVore R A, et al. Data compression and harmonic analysis. IEEE Transactions on Information Theory, 1998, 44(6): 2435-2476.

[29] 刘宇洋. 视频编码率失真优化技术及其应用研究. 成都: 电子科技大学, 2020.

[30] 张娜. 视频压缩中的高效帧间编码技术研究. 哈尔滨: 哈尔滨工业大学, 2017.

[31] 于帆. 基于时空检测算子的视频隐写分析算法. 天津: 天津大学, 2017.

[32] Amer H, Yang E H. Adaptive quantization parameter selection for low-delay HEVC via temporal propagation length estimation. Signal Processing Image Communication, 2020, 84(12): 115826.

[33] Li W, Zhao F, Ren P, et al. A novel adaptive scanning approach for effective H.265/HEVC entropy coding. International Journal of Mobile Computing and Multimedia Communications, 2016, 7(4): 17-27.

[34] Choi J A, Ho Y S. High throughput entropy coding in the HEVC standard. Journal of Signal Processing Systems for Signal, Image, and Video Technology, 2015, 81(1): 59-69.

第 2 章　视频隐写技术概述

2.1　视频数字水印

　　隐写(steganography)源自希腊语 steganos 和 graphein，在古代，秘密信息被隐藏在夹层、兽皮等处以实现隐蔽通信。通常把隐写(也称隐写术)和数字水印(digital watermarking)一起称为信息隐藏(data hiding)技术。视频隐写是把秘密信息隐藏在视频中让授权者接收，非授权者却无法感知其传递行为及内容的一种技术。视频能用于隐藏信息是因为：一方面，视频本身存在很大的冗余，经过压缩后的视频依然有冗余，将秘密信息嵌入视频中进行秘密传输，在一定范围内一般不会对视频本身造成较大的影响，不会较大程度地破坏载体本身的质量；另一方面，作为感知器官的眼睛和耳朵由于自身特性，在识别和感知信息时有一定的过滤效应，如人的眼睛对多媒体分辨率的识别基本维持在几十灰度级的层次。视频隐写和视频数字水印都是利用人视觉的感知冗余和视频帧的数据冗余来隐藏秘密信息，都不改变载体的基本特征和使用价值。不同之处在于，前者通过对流行大众媒体的信息隐匿进行隐秘通信，强调不可感知性(imperceptibility)、鲁棒性(robustness)及可逆性等；后者则通过对数字作品的标识嵌入来进行产权识别或其他应用，强调不被修改、删除及可检测性等。

　　由于视频序列可以视为一组连续且等时间间隔的静止图像，因此图像数字水印技术也可以扩展应用到视频数字水印中。与图像数字水印技术相比，视频数字水印技术还需应对帧平均、帧交换、统计分析、数模转换和有损压缩等各种干扰或攻击。根据数字水印嵌入位置的不同，视频数字水印算法[1-4]可以分为基于原始视频的视频数字水印算法、编码过程中的视频数字水印算法和压缩后的视频数字水印算法。基于这三种嵌入方法的视频数字水印算法各有优缺点。

　　基于原始视频的视频数字水印算法，是指数字水印信息被嵌入原始视频载体中，然后水印视频被重新压缩。这种算法的优点是不依赖特定的视频压缩标准，具有很强的普适性，实现相对简单，许多应用于静止图像的数字水印方案也适用该算法。缺点是数字水印信息可以通过高压缩比的压缩标准轻松去除，需要对压缩后的视频载体先解码，数字水印嵌入后再编码，数字水印提取时需要完整地解码，导致时间复杂度高。

编码过程中的视频数字水印算法通常通过在压缩编码过程中修改视频的一些冗余空间来实现数字水印嵌入，如量化离散余弦变换系数、预测模式、运动矢量等。这种算法的优点是可以直接与相应的视频编码标准相结合，通过对编码器的修改，数字水印可以实时嵌入和提取，在量化系数中嵌入数字水印简单有效，对视频流的码率影响很小。缺点是数字水印的嵌入性能受视频编码参数的影响，以及可能需要修改编码器和解码器，这在一定程度上限制了一些视频数字水印算法的推广。

压缩后的视频数字水印算法在压缩后的码流中寻找冗余空间并将数字水印信息嵌入其中。这种算法的优点是算法独立于相应的编解码器、效率高、计算冗余小、保真度高。缺点是可用于数字水印嵌入的冗余空间非常小，导致嵌入容量（capacity）有限；算法的鲁棒性较差。

另外，根据视频数字水印的鲁棒性，还可以将其分为鲁棒视频数字水印、脆弱视频数字水印和半脆弱视频数字水印。鲁棒视频数字水印可以抵抗各种攻击，常用于版权保护。脆弱视频数字水印对篡改攻击非常敏感，常见的信号处理攻击都可能破坏数字水印信息，它主要用于内容认证和篡改检测。半脆弱视频数字水印结合了鲁棒视频数字水印和脆弱视频数字水印的优点，可以用来区分常见的信号处理操作和恶意攻击。

2.2 视频隐写技术分类

本节介绍基于嵌入位置的视频隐写技术分类、可逆视频隐写（reversible video steganography）技术和鲁棒视频隐写技术。

2.2.1 基于嵌入位置的视频隐写技术分类

根据视频隐写嵌入位置，视频隐写技术可分为原始域视频隐写技术和压缩域视频隐写技术。

1. 原始域视频隐写技术

原始域视频隐写技术（图 2.1）首先将未经压缩的原始视频转换为静止图像的帧；然后将每一帧单独用作载体数据以隐藏秘密信息，在嵌入完成之后，将所有帧合并在一起以生成隐写视频。原始域视频隐写技术可以进一步细分为空域方法和变换域方法。

原始域视频隐写技术独立于具体的视频编码过程，不影响现有标准编解码器的使用，它适用于基于图像的各种信息隐藏技术。然而，经过视频编解码后，秘密信息不可避免地会有一些损失，加上其需要较长时间来执行视频编解码过程，对秘密信息的提取和校验非常不利。

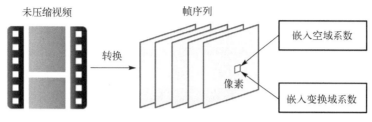

图 2.1 原始域视频隐写技术

1）空域方法

空域方法是信息隐藏领域出现最早且应用最广泛的技术，这类方法直接对图像或视频帧的像素（即空域）进行修改，嵌入秘密信息。很多空域隐写技术（如最低有效位（least significant bit，LSB））不仅通用于图像、视频等各种数字媒体载体，而且可以结合其他隐写技术进行使用。空域视频隐写技术操作简单且具有较大的嵌入容量。然而，这类技术面对视频压缩操作的鲁棒性很差。

针对基于空域的视频隐写技术，文献[5]在音频视频交错（audio video interleaved，AVI）格式视频载体文件中的像素 LSB 中嵌入秘密信息。该方法简单，嵌入能力强，但鲁棒性不足，难以抵抗隐写分析。文献[6]进一步提出了一种基于哈希的 LSB（Hash-LSB）技术来提升算法的安全性。在文献[7]中，使用 RSA（Rivest-Shamir-Adleman）加密算法实现了 Hash-LSB 以提供更安全的隐写性能。文献[8]用 LSB 方法把秘密消息嵌入感兴趣区域（region of interest，ROI）中。这种方法因为嵌入阶段只考虑单个视频帧所以嵌入容量有限。文献[9]结合了 KLT（Kanade-Lucas-Tomasi）跟踪和汉明码（15, 11），经过编码的秘密信息使用自适应 LSB 方法嵌入视频帧的感兴趣区域中。这种方法具备较强的嵌入能力，但复杂度高。文献[10]提出了一种基于直方图技术的盲隐写方法，并使用了一种合适像素选择机制来实现 LSB 嵌入，表现出了较好的嵌入性能。文献[11]在 LSB 方法的基础上引入了直方图分布约束方案来抵抗 H.246 视频压缩，具备一定的鲁棒性。

2）变换域方法

在基于变换域的视频隐写方法中，视频帧空域通过 DCT、离散小波变换（discrete wavelet transform，DWT）或离散傅里叶变换（DFT）变换到频域，利用低、中或高频变换系数来嵌入秘密信息。相比空域视频隐写技术，变换域视频隐写技术提高了对信号处理、噪声和压缩等视频操作的鲁棒性。

针对基于变换域的视频隐写技术，文献[12]使用人脸检测和人脸跟踪算法划分出感兴趣的人脸区域，并将其变换成小波域进行嵌入。文献[13]开发了一种盲自适应方法，视频中的人体皮肤区域被视为感兴趣区域。肤色区域的离散小波变换系数保证了幅度较大的信号具有较强的抗噪能力。文献[14]引入了汉明码和BCH(Bose-Chaudhuri-Hocquenghem)码来提高鲁棒性。秘密信息被嵌入每个 Y、U 和 V 分量的 DCT 系数中(不包括 DC 系数)，但是算法的不可感知性不是很理想。文献[15]结合使用 DCT 和 DWT 系数来增强秘密信息的安全性并最大限度地减少失真以保持更好的视频质量。文献[16]使用多目标跟踪(multiple object tracking，MOT)算法和纠错码对基于 DWT 和 DCT 的视频隐写方法进行了性能改善，利用基于运动的多目标跟踪算法来区分视频载体中的运动对象感兴趣区域。该方法对各种攻击表现出良好的安全性和鲁棒性。

2. 压缩域视频隐写技术

压缩域视频隐写技术主要是指利用视频压缩过程中的编码参数、句法元素、残差系数等来嵌入秘密信息。由于视频通常在压缩编码后进行传输或存储，因此压缩域视频隐写技术得到了更广泛的应用和关注。目前流行的视频编码标准如H.26x 标准和 MPEG-x 标准都具有较高的压缩比，压缩编码后的视频数据冗余在很大程度上已被去除，这使在压缩的视频流中嵌入更多的秘密信息变得更加困难。目前压缩域视频隐写技术主要包括基于 DCT/DST 残差系数(简称 DCT/DST 系数)的视频隐写技术、基于帧内预测模式的视频隐写技术、基于运动矢量的视频隐写技术和基于熵编码的视频隐写技术，如图 2.2 所示。

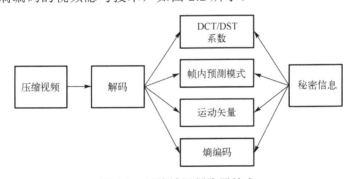

图 2.2　压缩域视频隐写技术

1)基于 DCT/DST 系数的视频隐写技术

DCT/DST 系数因具有低频、中频和高频多类系数而成为秘密信息嵌入位置的较佳选择。将秘密信息嵌入非量化的 DCT/DST 系数中，秘密信息可能会在量化后出现损失，而将秘密信息嵌入量化的 DCT/DST 系数中可以避免量化过程造成的干扰。基于 DCT 系数的视频隐写技术是 H.264/AVC 中最流行的方法之一，现有的基于 DCT 系数的 H.264/AVC 视频隐写技术通常选择量化的 DCT 系数来嵌入消息。

针对基于 DCT/DST 系数的视频隐写技术，文献[17]采用基于 4×4 块的人类视觉模型将秘密信息嵌入亮度残差块的 DCT 系数中，不过该方法没有控制 H.264/AVC 中的帧内失真漂移。文献[18]针对帧内失真漂移提出了一种算法，该算法将秘密信息嵌入亮度残差块的量化直流 DCT 残差系数中。文献[19]开发了一组成对耦合系数，可以有效地避免帧内失真漂移。文献[20]对文献[19]的性能进行了改进，提出了一种基于 BCH 码的鲁棒无失真漂移隐写算法，可以纠正由网络传输、丢包、视频处理操作、各种攻击等引起的错误比特。文献[21]改进了文献[20]并通过使用 Shamir 的 (t, n) 阈值秘密共享和 BCH 码提出了一种鲁棒隐写方案，以提高嵌入消息的鲁棒性。

2）基于帧内预测模式的视频隐写技术

基于 H.265/HEVC 和 H.264/AVC 帧内预测编码过程，编码块采用多种帧内预测方式进行编码。在 H.265/HEVC 编解码器中，对于每个 64×64、32×32、16×16 和 8×8 块，帧内预测模式的数量为 35。H.264/AVC 编解码器支持 9 种 4×4 块的预测模式和 4 种 16×16 块的预测模式。由于预测模式在压缩过程中起着关键作用，因此有许多方法利用预测模式来嵌入消息。

针对基于帧内预测模式的视频隐写技术，文献[22]根据秘密信息和预测模式之间的映射修改了帧内预测模式。文献[23]通过使用最小的拉格朗日（Lagrangian）成本改进了最佳预测模式匹配方法。文献[24]用矩阵编码建立了秘密信息和帧内预测模式之间的映射。文献[25]基于文献[24]的算法，提出了一种嵌入/提取矩阵。文献[26]使用校验子格编码（syndrome-trellis code，STC）开发了一种高安全性的自适应嵌入算法。为了抵抗来自文献[27]的隐写检测方法，文献[28]引入了根据"绝对差和"定义的"最小化嵌入失真"，实现有效抵御基于帧内预测的隐写分析。

3）基于运动矢量的视频隐写技术

基于运动矢量的视频隐写技术通常通过修改运动矢量或调整运动矢量搜索过程来实现隐写。在早期的相关算法中[29-32]，通常通过直接修改运动估计来使用运动矢量隐藏秘密信息，算法虽然相对简单但嵌入性能不够好。文献[33]开始通过调整水平分量和垂直分量的奇偶性来嵌入秘密信息。文献[34]应用矩阵编码和相位角来提高视频质量。文献[35]受文献[36]的扰动量化隐写技术的启发，引入了一种称为扰动运动估计的技术来最小化嵌入影响。文献[37]通过修改搜索运动范围来嵌入秘密信息。文献[38]通过将空间失真变化和预测误差变化以及两层 STC 结合在一起,设计了运动矢量失真函数。文献[39]结合 STC 和双卷积码来进一步提高算法的安全性能。文献[40]创建了多维运动矢量空间以获得高嵌入效率。文献[41]引入了一个特定的解码参考帧来克服失真累积效应。为了抵制像加减一运算(add or subtract one operation,AoSO)和最佳匹配概率递减(subtractive probability of optimal matching,SPOM)这样的隐写分析,文献[42]进一步提出了候选运动矢量方案来保证修改后的运动矢量的局部最优性。

4)基于熵编码的视频隐写技术

基于熵编码的视频隐写技术是发送方直接将秘密信息嵌入视频压缩比特流中,接收方直接从接收到的压缩比特流中提取秘密信息。基于熵编码的视频隐写技术不需要对视频进行完整的解码和重新编码,不会影响现有视频压缩编解码器的正常运行,计算复杂度低。但是,由于涉及对视频压缩比特流的操作,因此对视频压缩编解码系统的依赖度很高。基于熵编码的视频隐写算法设计必须考虑嵌入位置的比特流格式等因素。由于压缩比特率的限制,视频中嵌入的数据量一般也是有限的。由于格式合规性和计算复杂性的限制,对整个视频压缩比特流进行嵌入是不切实际的,因此许多视频隐写算法会仅修改视频编码结构中的一小部分压缩比特流数据。

CABAC 和 CAVLC 是目前具有代表性的两种熵编码模式。与 CABAC 相比,CAVLC 复杂度较低但效率也相对较低。基于 CAVLC 熵编码模式,文献[43]通过选择性加密提出了一种基于 H.264/AVC 的视频隐写算法。选择性加密在视频编解码器的 CAVLC 模块中执行,并且使用可变长度编码表将 CAVLC 转换为加密密码。文献[44]使用高级加密标准算法来改进选择性加密过程。为了解决非零系数的加密问题,文献[45]提出了一种可调谐方案,将帧内预测模式和运动矢量的符号位一起加密。基于 CABAC 熵编码模式,文献[46]引入了一个数据隐藏器,通过使用 CABAC 二进制字符串替换技术将消息嵌入部分加密的 H.264/AVC 视频中,而无须访问视频内容的明文。由于对残差系数进行了二进制-字串(bin-string)替换,因此解密视频的质量令人满意。文献[47]进一步改进了文献[46],除了残差加密和运动矢量加密外,还设计了对亮度预测模式的加密。

2.2.2　可逆视频隐写技术和鲁棒视频隐写技术

本节介绍可逆视频隐写技术和鲁棒视频隐写技术。这两类视频隐写技术的嵌入方式归属于原始域/压缩域这一分类方法之中,具有十分重要的研究及应用价值,本节专门进行相关介绍。

1.　可逆视频隐写技术

通常视频隐写在嵌入和提取过程中会在一定范围和幅度内修改原始载体，这对那些不容忍永久失真的载体(如医疗图像和法律证据等)，是不可接受的。可逆视频隐写技术是隐写技术的一个分支，一般情况下我们把秘密信息在提取后能完全恢复原载体的视频隐写技术称为可逆视频隐写技术。已有的可逆视频隐写技术主要分为三种：基于差值扩展(difference expansion，DE)的可逆视频隐写技术、基于无损压缩的可逆视频隐写技术以及基于直方图修改(histogram modification，HM)的可逆视频隐写技术[48]。

对于可逆视频隐写技术，在确保原始载体恢复的同时要求能正确地提取秘密信息。作为一种特殊的视频隐写技术，视频载体遭遇的任何意外修改都可能导致其无法进行准确恢复，因此对鲁棒性要求更高，如图 2.3 所示。

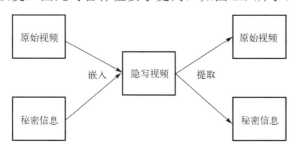

图 2.3　可逆视频隐写技术

对于可逆视频隐写技术，文献[49]提出了一种基于整数变换和自适应嵌入的可逆视频隐写方案。文献[50]提出了一种基于 3D 多视角编码(multi-view coding，MVC)视频的可逆视频隐写方案，将秘密消息隐藏到视频帧每个块的运动向量中。文献[51]引入了一种多变量阵列来实现基于 H.265/HEVC 中 4×4 亮度 DST 块的可逆隐写技术。文献[52]提出了一种新颖的 H.264/AVC 大容量可逆视频隐写方案，该方案还使用了一种对视频错误恢复很有效的预测技术。

2.　鲁棒视频隐写技术

隐藏了秘密信息的视频在网络中传输时，可能会遭到数/模转换、模/数转换、重取样、重量化或重编码、低通滤波、剪切、移位、变换编码等有意地攻击或设备故障、网络拥塞等无意的攻击，这些攻击造成的丢包、帧错或比特错会使嵌入的秘密信息无法正确提取。因此，能够抵抗各种有意或无意攻击的鲁棒视频隐写技术(图 2.4)越来越受到研究者的重视。目前常见的鲁棒视频隐写技术一般利用纠错码、秘密共享及多秘密共享等技术对秘密信息进行预处理，从而在提取时对出错的秘密信息进行恢复。

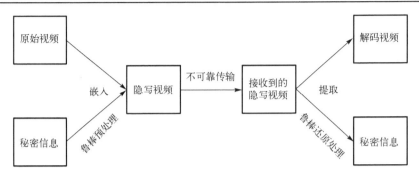

图 2.4　鲁棒视频隐写技术

对于鲁棒视频隐写技术，文献[53]提出了一种使用 BCH 码的鲁棒隐写方法，嵌入过程是通过改变系数(小波变换或 DCT 系数)块中的一些系数来使校正子值为零。与其他算法相比，该方法提高了嵌入容量，并将计算复杂度从指数级降到了线性级。文献[54]提出了一种基于 H.264/AVC 的鲁棒隐写方案，该方案消除了帧内失真漂移，并在嵌入消息到 4×4 DCT 量化系数块之前使用 BCH 码进行预处理以提高算法的鲁棒性。文献[55]提出了一种使用线性纠错码的自适应鲁棒隐写算法，并证明该码具有更好的纠错性能。文献[21]使用秘密共享技术来纠正错误帧。文献[56]和文献[57]使用秘密共享技术来提高 H.264/AVC 可逆视频隐写方案的鲁棒性。

2.3　视频隐写性能评价指标

视频隐写技术考虑的特性一般是不可感知性、嵌入容量与鲁棒性。

2.3.1　不可感知性

不可感知性是指嵌入秘密信息后的隐写视频的视觉质量，即隐写造成的视频载体失真难以被发觉的程度。视频隐写的主要目标是将秘密信息隐藏在数字视频中，而隐写视频的视觉质量会因此发生从人眼无法察觉的轻微变化到可以轻松检测到的明显失真[58]。为了评价隐写算法的不可感知性，目前研究者已经提出了几种评价指标来评价视觉质量，其中峰值信噪比(peak signal to noise ratio，PSNR)和结构相似性(structural similarity，SSIM)是比较常用的指标。PSNR 是一种评价视觉质量的客观标准，主要用来描述隐写视频和原始视频之间的像素值差异，PSNR 值越高表示隐写视频与原始视频差异越小，视觉质量越高。由于 PSNR 基于视频对应像素之间的误差，没有考虑人眼的视觉特征，所以评价结果有可能与人眼主观感受有较大出入。SSIM 是一种结合了人类视觉系统特性的视觉质量客观评价标准。相比像素的亮度/颜色变化，人类对视频帧图像纹理及边缘等结构信息的变化非常敏感，SSIM

通过计算结构信息的变化程度来反映隐写视频的失真，达到模仿人类视觉感知的效果。SSIM 的取值范围为 $-1\sim1$，当两个视频帧一模一样时，SSIM 的值等于 1。SSIM 一般用一个滑动窗口来划分视频帧并分别求 SSIM 值，每个窗口的均值、标准差和协方差一般通过高斯加权计算得到，最后对所有窗口的 SSIM 值求平均值。SSIM 方法的计算结果相比 PSNR 更能反映人眼的主观感受。

$$\text{PSNR} = 10 \times \lg\left(\frac{\text{MAX}_A^2}{\text{MSE}}\right)(\text{dB}) \tag{2.1}$$

$$\text{MSE} = \frac{\sum_{i=1}^{a}\sum_{j=1}^{b}\sum_{k=1}^{c}[A(i,j,k) - B(i,j,k)]^2}{a \times b \times c} \tag{2.2}$$

其中，A 和 B 分别代表原始帧和嵌入帧；a 和 b 分别代表对应视频的分辨率；c 代表 RGB（red green blue，红绿蓝）颜色分量；MAX_A 表示帧 A 中的最大可能像素值（通常是 255）；(i,j,k) 表示第 k 个颜色分量的 (i,j) 位置的像素值。

$$\text{SSIM} = \frac{(2\mu_A\mu_B + C_1)(2\sigma_A + C_2)}{(\mu_A^2 + \mu_B^2 + C_1)(\sigma_A^2 + \sigma_B^2 + C_2)} \tag{2.3}$$

其中，A 和 B 分别代表原始帧和嵌入帧；μ_A 和 σ_A 分别代表 A 帧中像素的均值和标准差；μ_B 和 σ_B 分别代表 B 帧中像素的均值和标准差；C_1 和 C_2 分别代表固定值。

2.3.2 嵌入容量

嵌入容量一般是指隐写方法可以在视频载体中嵌入多少秘密信息的能力，隐藏率（hiding ratio，HR）通常用于评估隐写方法中的嵌入容量，并按以下公式计算：

$$\text{HR} = \frac{\text{嵌入信息大小}}{\text{视频大小}} \times 100\% \tag{2.4}$$

2.3.3 鲁棒性

鲁棒性是指隐写视频遭受各种有意或无意攻击后仍可正确提取秘密信息的能力，用来表明嵌入的信息是否可以从接收者处正确提取。相似度（similarity，Sim）和误码率（bit error rate，BER）通常用于评估视频隐写技术的鲁棒性。Sim 和 BER 定义如下：

$$\text{Sim} = \frac{\sum_{i=1}^{a}\sum_{j=1}^{b}[M(i,j) \times \hat{M}(i,j)]}{\sqrt{\sum_{i=1}^{a}\sum_{j=1}^{b}M(i,j)^2} \times \sqrt{\sum_{i=1}^{a}\sum_{j=1}^{b}\hat{M}(i,j)^2}} \tag{2.5}$$

$$BER = \frac{\sum_{i=1}^{a}\sum_{j=1}^{b}[M(i,j) \oplus \hat{M}(i,j)]}{a \times b} \qquad (2.6)$$

其中，$M(i,j)$ 和 $\hat{M}(i,j)$ 分别表示原始信息和提取出的信息；$a \times b$ 是嵌入信息的大小；$\oplus$ 表示异或操作。

设计优秀的视频隐写算法(图 2.5)主要需要解决不可感知性、嵌入容量和鲁棒性三方面的性能挑战。所有这些挑战都彼此牵制，从而造成数据隐藏困境。嵌入容量和不可感知性之间的权衡是各类隐写算法经常要考虑及评测的问题。当嵌入容量增加时，嵌入过程对视频载体造成的失真也随之增加，隐写的不可感知性随之降低。如果攻击者对视频出现的失真产生怀疑，因此对视频载体运用各种隐写分析检测方法，那么秘密信息就极有可能被发现或被破坏。另外，为了增强隐写算法的鲁棒性，往往要嵌入额外的纠错恢复信息，这自然会对视频载体的嵌入容量和不可感知性产生影响。

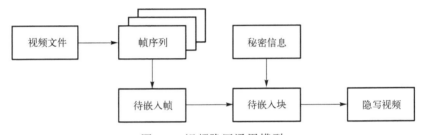

图 2.5　视频隐写通用模型

视频是一系列静止图像的集合，有很多帧。例如，如果一个 H.264/AVC 视频以 30 帧/s 的速度连续播放 2h，就有 216000 帧。与传统的图像隐写不同，由于 H.264/AVC 或者 H.265/HEVC 视频有足够多的帧，即使每帧有较少的嵌入容量，仍然可以满足嵌入秘密信息的需求，因此在嵌入容量不大时，我们可以用足够多的帧来嵌入所需的秘密信息，以弥补嵌入容量小的遗憾。

参 考 文 献

[1] Paramkusam A V, Shekar J C, Rawoof M A, et al. A survey on different video watermarking techniques and comparative analysis. International Journal of Applied Engineering Research, 2017, 12(18): 7584-7591.

[2] Kaur P, Laxmi D L. Review on different video watermarking techniques. International Journal of Computer Science & Mobile Computing, 2014, 3(9): 190-195.

[3] Asikuzzaman M, Pickering M R. An overview of digital video watermarking. IEEE Transactions on Circuits and Systems for Video Technology, 2018, 28(9): 2131-2153.

[4] Yu X Y, Wang C Y, Zhou X A. A survey on robust video watermarking algorithms for copyright protection. Applied Sciences, 2018, 8(10): 1891.

[5] Cetin O, Akar F, Ozcerit A T, et al. A blind steganography method based on histograms on video files. The Imaging Science Journal, 2012, 60(2): 75-82.

[6] Alavianmehr M A, Rezaei M, Helfroush M S, et al. A lossless data hiding scheme on video raw data robust against H.264/AVC compression. 2012 2nd International eConference on Computer and Knowledge Engineering, Mashhad, 2012: 194-198.

[7] Cheddad A, Condell J, Curran K, et al. Skin tone based steganography in video files exploiting the YCbCr colour space. 2008 IEEE International Conference on Multimedia and Expo, Hannover, 2008: 905-908.

[8] Khupse S, Patil N N. An adaptive steganography technique for videos using steganoflage. 2014 International Conference on Issues and Challenges in Intelligent Computing Techniques, Ghaziabad, 2014: 811-815.

[9] Mstafa R J, Elleithy K M. A video steganography algorithm based on Kanade-Lucas-Tomasi tracking algorithm and error correcting codes. Multimedia Tools and Applications, 2016, 75(17): 10311-10333.

[10] Hu S D, Tak U K. A novel video steganography based on non-uniform rectangular partition. 2011 14th IEEE International Conference on Computational Science and Engineering, Dalian, 2011: 57-61.

[11] Ramalingam M, Isa N A M. Fast retrieval of hidden data using enhanced hidden Markov model in video steganography. Applied Soft Computing, 2015, 34: 744-757.

[12] Mstafa R J, Elleithy K M. A novel video steganography algorithm in the wavelet domain based on the KLT tracking algorithm and BCH codes. 2015 Long Island Systems, Applications and Technology Conference, Farmingdale, 2015: 1-7.

[13] Sadek M M, Khalifa A S, Mostafa M G M. Robust video steganography algorithm using adaptive skin-tone detection. Multimedia Tools and Applications, 2017, 76(2): 3065-3085.

[14] Mstafa R J, Elleithy K M. A novel video steganography algorithm in DCT domain based on Hamming and BCH codes. 2016 IEEE 37th Sarnoff Symposium, Newark, 2016: 208-213.

[15] Ramalingam M, Isa N A M. A data-hiding technique using scene-change detection for video steganography. Computers & Electrical Engineering, 2016, 54: 423-434.

[16] Mstafa R J, Elleithy K M, Abdelfattah E. A robust and secure video steganography method in DWT-DCT domains based on multiple object tracking and ECC. IEEE Access, 2017, 5:

5354-5365.

[17] Noorkami M, Mersereau R M. A framework for robust watermarking of H.264-encoded video with controllable detection performance. IEEE Transactions on Information Forensics and Security, 2007, 2(1): 14-23.

[18] Gong X, Lu H M. Towards fast and robust watermarking scheme for H.264 video. 2008 10th IEEE International Symposium on Multimedia, Berkeley, 2008: 649-653.

[19] Ma X J, Li Z T, Tu H, et al. A data hiding algorithm for H.264/AVC video streams without intra-frame distortion drift. IEEE Transactions on Circuits and Systems for Video Technology, 2010, 20(10): 1320-1330.

[20] Liu Y X, Li Z T, Ma X J, et al. A robust without intra-frame distortion drift data hiding algorithm based on H.264/AVC. Multimedia Tools and Applications, 2014, 72(1): 613-636.

[21] Liu Y X, Chen L, Hu M S, et al. A reversible data hiding method for H.264 with Shamir's (t, n)-threshold secret sharing. Neurocomputing, 2016, 188: 63-70.

[22] Hu Y, Zhang C, Su Y. Information hiding for H.264/AVC. Acta Electronica Sinica, 2008, 36(4): 690.

[23] Xu D W, Wang R D, Wang J C. Prediction mode modulated data-hiding algorithm for H.264/AVC. Journal of Real-Time Image Processing, 2012, 7(4): 205-214.

[24] Yang G B, Li J J, He Y L, et al. An information hiding algorithm based on intra-prediction modes and matrix coding for H.264/AVC video stream. AEU-International Journal of Electronics and Communications, 2011, 65(4): 331-337.

[25] Yin Q, Wang H, Zhao Y. An information hiding algorithm based on intra-prediction modes for H.264 video stream. Journal of Optoelectronics • Laser, 2012, 23(11): 2194-2199.

[26] Zhang L Y, Zhao X F. An adaptive video steganography based on intra-prediction mode and cost assignment. International Workshop on Digital Watermarking, Magdeburg, 2017: 518-532.

[27] Zhao Y B, Zhang H, Cao Y, et al. Video steganalysis based on intra prediction mode calibration. International Workshop on Digital Watermarking, Beijing, 2016: 119-133.

[28] Nie Q K, Xu X B, Feng B W, et al. Defining embedding distortion for intra prediction mode-based video steganography. Computers, Materials and Continua, 2018, 55(1): 59-70.

[29] Jordan F. Proposal of a watermarking technique for hiding/retrieving data in compressed and decompressed video. ISO/IEC Doc.JTCI/SC29/WG11 MPEG97/M2281, 1997.

[30] Xu C Y, Ping X J, Zhang T. Steganography in compressed video stream. Proceedings of the 1st International Conference on Innovative Computing, Information and Control, Beijing, 2006: 269-272.

[31] Fang D Y, Chang L W. Data hiding for digital video with phase of motion vector. 2006 IEEE

International Symposium on Circuits and Systems, Kos, 2006: 1422-1425.

[32] He X S, Luo Z. A novel steganographic algorithm based on the motion vector phase. 2008 International Conference on Computer Science and Software Engineering, Wuhan, 2008: 822-825.

[33] Guo Y, Pan F. Information hiding for H.264 in video stream switching application. 2010 IEEE International Conference on Information Theory and Information Security, Beijing, 2011: 419-421.

[34] Hao B, Zhao L Y, Zhong W D. A novel steganography algorithm based on motion vector and matrix encoding. 2011 IEEE 3rd International Conference on Communication Software and Networks, Xi'an, 2011: 406-409.

[35] Cao Y, Zhao X F, Feng D G, et al. Video steganography with perturbed motion estimation. International Workshop on Information Hiding, Prague, 2011: 193-207.

[36] Fridrich J, Goljan M, Lisonek P, et al. Writing on wet paper. IEEE Transactions on Signal Processing, 2005, 53(10): 3923-3935.

[37] Zhu H, Wang R, Xu D. Information hiding algorithm for H.264 based on the motion estimation of quarter-pixel. 2010 2nd International Conference on Future Computer and Communication, Wuhan, 2010: 423-427.

[38] Yao Y Z, Zhang W M, Yu N H, et al. Defining embedding distortion for motion vector-based video steganography. Multimedia Tools and Applications, 2015, 74(24): 11163-11186.

[39] Filler T, Judas J, Fridrich J. Minimizing additive distortion in steganography using syndrome-trellis codes. IEEE Transactions on Information Forensics and Security, 2011, 6(3): 920-935.

[40] Yang J, Li S B. An efficient information hiding method based on motion vector space encoding for HEVC. Multimedia Tools and Applications, 2018, 77(10): 11979-12001.

[41] Niu K, Yang X Y, Zhang Y N. A novel video reversible data hiding algorithm using motion vector for H.264/AVC. Tsinghua Science and Technology, 2017, 22(5): 489-498.

[42] Zhang H, Cao Y, Zhao X F. Motion vector-based video steganography with preserved local optimality. Multimedia Tools and Applications, 2016, 75(21): 13503-13519.

[43] Shahid Z, Chaumont M, Puech W. Fast protection of H.264/AVC by selective encryption. Proceedings of the Singaporean-French Ipal Symposium, Singapore, 2009: 11-21.

[44] Shahid Z, Chaumont M, Puech W. Fast protection of H.264/AVC by selective encryption of CAVLC and CABAC for I and P frames. IEEE Transactions on Circuits and Systems for Video Technology, 2011, 21(5): 565-576.

[45] Wang Y S, O'Neill M, Kurugollu F. A tunable encryption scheme and analysis of fast selective encryption for CAVLC and CABAC in H.264/AVC. IEEE Transactions on Circuits

and Systems for Video Technology, 2013, 23(9): 1476-1490.

[46] Xu D W, Wang R D. Context adaptive binary arithmetic coding-based data hiding in partially encrypted H.264/AVC videos. Journal of Electronic Imaging, 2015, 24(3): 033028.

[47] Xu D W, Wang R D, Zhu Y N. Tunable data hiding in partially encrypted H.264/AVC videos. Journal of Visual Communication and Image Representation, 2017, 45: 34-45.

[48] 刘云霞. H.264/AVC 视频隐写的鲁棒性方法研究. 武汉: 华中科技大学, 2013.

[49] Qin C, Chang C C, Huang Y H, et al. An inpainting-assisted reversible steganographic scheme using a histogram shifting mechanism. IEEE Transactions on Circuits and Systems for Video Technology, 2013, 23(7): 1109-1118.

[50] Song G H, Li Z T, Zhao J, et al. A reversible video steganography algorithm for MVC based on motion vector. Multimedia Tools and Applications, 2015, 74(11): 3759-3782.

[51] Liu S, Liu Y X, Feng C, et al. A reversible data hiding method based on H.265 without distortion drift. International Conference on Intelligent Computing, Liverpool, 2017: 613-624.

[52] Fallahpour M, Megías D. Reversible data hiding based on H.264/AVC intra prediction. International Workshop on Digital Watermarking, Busan, 2008: 52-60.

[53] Zhang R Y, Sachnev V, Botnan M B, et al. An efficient embedder for BCH coding for steganography. IEEE Transactions on Information Theory, 2012, 58(12): 7272-7279.

[54] Liu Y X, Li Z T, Ma X J, et al. A robust data hiding algorithm for H.264/AVC video streams. Journal of Systems and Software, 2013, 86(8): 2174-2183.

[55] Diop I, Farss S M, Tall K, et al. Adaptive steganography scheme based on LDPC codes. 16th International Conference on Advanced Communication Technology, PyeongChang, 2014: 162-166.

[56] Liu Y X, Jia S M, Hu M S, et al. A robust reversible data hiding scheme for H.264 based on secret sharing. International Conference on Intelligent Computing, Taiyuan, 2014: 553-559.

[57] Liu Y X, Ju L M, Hu M S, et al. A robust reversible data hiding scheme for H.264 without distortion drift. Neurocomputing, 2015, 151: 1053-1062.

[58] Liu Y X, Liu S Y, Wang Y H, et al. Video steganography: A review. Neurocomputing, 2019, 335: 238-250.

第3章 原始域视频隐写技术

3.1 引　言

原始域视频隐写技术是指将原始视频各帧视为静止图像，以各帧作为秘密信息的载体，将所有帧重新整合后获得隐写视频。一些图像隐写技术也可以应用于原始域视频隐写技术。原始域视频隐写技术可分为空域视频隐写技术和变换域视频隐写技术。

原始域视频隐写技术相对比较简单，直接对原始视频的空域（像素值）或变换域（如 DCT 域、DWT 域系数等）数据进行修改以嵌入秘密信息。由于压缩视频是目前主流的视频格式，当原始域视频隐写技术应用于压缩视频时，需要增加额外的编解码过程，因而通常会影响嵌入的秘密信息导致秘密信息提取失败。为了提高原始域视频隐写技术的鲁棒性，此类视频隐写算法通常使用纠错码等冗余技术。

本章 3.2 节介绍空域视频隐写技术，并以基于最低有效位（LSB）替换的空域视频隐写算法为例进一步了解空域视频隐写技术；3.3 节介绍变换域视频隐写技术，并以基于 DWT 的变换域视频隐写算法为例进一步了解变换域视频隐写技术。

3.2 空域视频隐写技术

3.2.1 概述

基于空域的视频隐写技术目前有 LSB 替换[1-7]、位平面复杂度分割（bit plane complexity segmentation，BPCS)[8-12]、扩频（spread spectrum)[13-18]等方法，这些技术主要通过直接修改像素值来隐藏秘密消息。

空域相关的视频隐写技术一般都在图像隐写技术中得到了广泛的应用，从不可感知性及嵌入容量的角度而言有着较为优秀的性能，与图像相比，视频编解码及相关处理技术要复杂得多。

文献[1]提出一种基于汉明码和 KLT 跟踪方法的视频隐写算法。该算法首先使用汉明码(15, 11)对秘密信息进行编码来生成编码的秘密信息；然后对视频载体进行面部检测和跟踪，确定面部区域为感兴趣区域(ROI)；最后使用自适应 LSB 替换方法将编码的秘密信息嵌入视频帧的 ROI 中。实验结果表明，该算法具有较理想的嵌入容量及视觉质量，汉明码的使用也提高了算法的安全性和鲁棒性。

文献[8]提出了一种针对 MPEG-4 标准视频的 BPCS 视频隐写方法。BPCS 方法的基本思想是，用类似噪声的秘密信息来替换在视频帧位平面中存在的类似噪声的区域。该算法为了提高 BPCS 方法的鲁棒性，首先对视频载体帧进行统计特征分析，求出逆向预处理的补偿规则；然后对嵌入信息引起的位平面复杂度变化进行逆向的预处理补偿。实验证明该算法具有不错的嵌入性能和低视觉失真，同时还能抵抗复杂度直方图攻击。

文献[13]使用扩频技术在给定的视频载体中隐藏多用户数据。该算法首先在原始视频中选取符合条件的视频载体帧；然后将每个视频载体帧分成许多小块，对每个小块进行二维变换和锯齿形扫描构建出视频载体向量；最后每个用户的秘密信息将通过扩频码进行扩展并嵌入视频载体向量中。由于扩频码的正交特性，它能够区分不同用户的秘密信息。实验证明该算法具有较好的视觉质量及嵌入容量。

文献[19]选择将秘密信息嵌入视频载体的特定感兴趣区域中以提升视觉质量。该算法首先设计出了提取皮肤区域的皮肤检测方法；然后将具有最小均方误差值的视频帧转换为 YCbCr 颜色空间，并以 LSB 替换方法将秘密信息嵌入所选帧中皮肤区域的 YCbCr 值的 Cb 分量中。嵌入完成后，再将视频帧转换回 RGB 颜色空间来创建隐写视频。实验证明该算法具有较好的不可感知性。

文献[20]提出了一种基于直方图分布约束(histogram distribution constrained，HDC)的可逆视频隐写算法。在该算法中，首先把亮度分量划分为多个非重叠块；然后计算每个块的算术差，通过移位算术差值将秘密信息嵌入块中。实验结果证明了该算法具有对抗 H.264/AVC 视频编码压缩的鲁棒性。

3.2.2　基于 LSB 替换的空域视频隐写算法

LSB 是指一个二进制数字中的第 0 位(即最低位)。LSB 替换算法是最基础、最典型的空域视频隐写技术。LSB 替换算法的基本原理是根据嵌入的秘密信息来替换视频载体帧中某些像素二进制值的最低有效位。因修改二进制数字的最低有效位对该数字产生的影响最小，所以对视频载体帧中像素值的 LSB 进行替换造成的视觉失真也相对较小。为了进一步增加嵌入容量，在实际的应用中，基于 LSB 的视频隐写算法可能会对最低的 0~3 位都进行替换。

如图 3.1 所示，设 8 位像素值为 10011001，十进制值为 153。该像素值的最低有效位为 1，如果要嵌入 1，因与最低有效位相同，则不用修改；如果要嵌入 0，则直接把最低有效位改为 0，此时像素值变为 152，如图 3.2 所示。由于修改的是最低有效位，所以对像素值的影响比较小。在秘密信息提取时，如果像素值的最低有效位为 1，则直接提取 1；如果最低有效位为 0，则直接提取 0。

图 3.1　示例像素值 10011001　　　　图 3.2　嵌入 0 后像素值 10011000

由于 LSB 替换算法实现简单，很多文献针对 LSB 替换算法进行了改进。文献[2]把秘密图像的每一行像素隐藏在视频载体的多个帧的对应行中。如果秘密图像的像素值由 8 位组成，那么就选择视频载体中的 8 个帧来分别依序隐藏秘密图像对应位置像素值的每 1 位，因此，每 1B 的秘密图像信息需要使用视频载体中的 8B 来实现嵌入。该算法易于实现，视觉失真较小。但是与其他 LSB 算法相比，该算法不易被隐写分析方法检测出来，但嵌入容量较低。文献[3]借助人眼视觉系统(human visual system，HVS)来修改传统的 LSB 替换算法，该算法使用 3-3-2 方法来对 RGB 格式的像素值进行嵌入(每种颜色的像素值使用 8 位来表示，如图 3.3 所示)，即使用 3 个来自红色的最低有效位、3 个来自绿色的最低有效位和 2 个来自蓝色的最低有效位。该算法使用每个视频帧的 33.3%进行数据隐藏，相比传统的单比特 LSB 替换算法提高了嵌入容量及不可感知性，但鲁棒性较差。

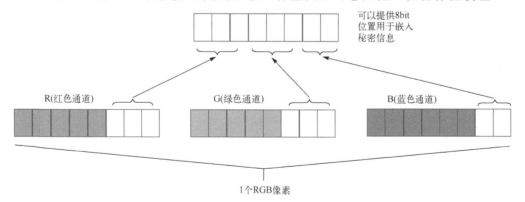

图 3.3　3-3-2 形式的 LSB 嵌入方法

文献[4]利用矩阵编码方法，在保证一定嵌入容量的基础上减少对像素值的修改，以进一步增强隐写算法的视觉质量。矩阵编码方法使用 3 个像素值的第 0 位作为嵌入位置，在嵌入时修改其中一个像素的第 0 位来实现嵌入 2bit 信息，具体过程如下。

设 a_1、a_2 和 a_3 分别代表 3 个像素值的第 0 位，并用 $a_1 \oplus a_3$（$\oplus$ 为异或运算符）代表第一个秘密信息比特 w_1，$a_2 \oplus a_3$ 代表第二个秘密信息比特 w_2。

如果 $a_1 \oplus a_3 = w_1$，$a_2 \oplus a_3 = w_2$，那么不需要进行修改，2bit 秘密信息已经正确嵌入。

如果 $a_1 \oplus a_3 \neq w_1$，$a_2 \oplus a_3 = w_2$，那么修改 a_1 即可使 $a_1 \oplus a_3 = w_1$，此时 2bit 秘密信息已经正确嵌入。

如果 $a_1 \oplus a_3 = w_1$，$a_2 \oplus a_3 \neq w_2$，那么修改 a_2 即可使 $a_2 \oplus a_3 = w_2$，此时 2bit 秘密信息已经正确嵌入。

如果 $a_1 \oplus a_3 \neq w_1$，$a_2 \oplus a_3 \neq w_2$，那么修改 a_3 即可使 $a_1 \oplus a_3 = w_1$ 且 $a_2 \oplus a_3 = w_2$，此时 2bit 秘密信息已经正确嵌入。

文献[5]在嵌入前把每个视频帧分成具有不同尺寸的子矩形；然后使用最佳二次逼近来逼近每个子矩形中的像素值；再输出分区代码和分区网格，将计算出的分区网格放置在视频载体帧上，计算每个矩形子区域 4 个顶点的值之间的差；最后所有的分区代码和计算出的差值都使用 4 个最低有效位隐藏在视频载体帧中。该算法应用非均匀矩形分区缩小了所嵌入秘密信息的大小，并且提高了隐写算法的安全性。

LSB 替换算法的实现简单和低计算复杂度等特点还启发了人们研究实时隐写技术的思路。文献[6]使用 LSB 替换算法在诸如电子广告牌等视频帧中隐藏秘密信息。该算法把每个播出的帧当作一幅图像，然后将其分解成小块用来隐藏秘密信息。文献[7]对文献[6]的方法加以改进，使用密钥来保护嵌入过程。密钥的第一字节和第二字节用于将播出的帧划分为多个较小的块，密钥的其余部分与秘密消息一起被嵌入像素的 LSB 中。为了实现精确提取，每个块中只嵌入秘密信息的 1bit。这两种方法都可用于在火车站、机场和体育场馆等公共场所的电子屏幕广播秘密消息，能够实时隐藏大数据量的秘密信息。

3.2.3　性能测试与评价

为了更好地展示 LSB 替换算法的性能，我们在 H.265/HEVC 视频标准编解码软件 HM 16.0 上分别测试了使用 1 位 LSB 替换、2 位 LSB 替换、4 位 LSB 替换和 3-3-2 格式的不同 LSB 替换算法（分别简称为 1LSB 算法、2LSB 算法、4LSB 算法和 3-3-2 算法）。测试视频序列是分辨率为 416×240 的 RaceHorses、BlowingBubbles、Keiba、BasketballPass、BQSquare 等动态性互不相同的标准测试视频，像素值由 R、G、B 三个 8 位颜色通道组成。每个测试视频编码了 200 个帧且帧率是 30 帧/s，PSNR 值是由嵌入视频帧与原始视频帧对比计算求出的，并且是 200 个帧的 PSNR 平均值，嵌入容量是 200 个帧的平均每帧嵌入比特数，嵌入率是每帧实际嵌入比特与每帧最大嵌入比特的比率。

表 3.1 给出的是 1LSB 算法、2LSB 算法、4LSB 算法和 3-3-2 算法的 PSNR 对比结果。从表中可以看出，只修改 1 位 LSB 的 1LSB 算法平均 PSNR 为 53.81dB，而修改 4 位 LSB 的 4LSB 算法平均 PSNR 为 34.55dB，PSNR 值随着修改 LSB 位数的增加而降低。图 3.4 是测试视频 BQSquare 的某原始帧，图 3.5～图 3.8 分别是使用 1LSB 算法、2LSB 算法、4LSB 算法和 3-3-2 算法的视觉效果对比图，可以看出 LSB 修改位数的增大会引起视觉质量的下降，修改了 4 位 LSB 的 4LSB 算法明显降低了视频视觉质量。

表 3.1 实验对比结果（PSNR） （单位：dB）

项目	1LSB	2LSB	4LSB	3-3-2
RaceHorses 序列	53.22	43.77	34.73	40.35
BlowingBubbles 序列	54.16	44.24	33.88	41.12
Keiba 序列	53.33	43.56	35.13	40.63
BasketballPass 序列	53.58	43.35	34.16	40.57
BQSquare 序列	54.75	43.87	34.87	41.31
平均值	53.81	43.76	34.55	40.80

图 3.4 BQSquare 原始视频帧

图 3.5 BQSquare 嵌入视频帧（1LSB） 图 3.6 BQSquare 嵌入视频帧（2LSB）

图 3.7　BQSquare 嵌入视频帧（4LSB）

图 3.8　BQSquare 嵌入视频帧（3-3-2）

　　表 3.2 是算法的嵌入容量对比结果。1LSB 算法、2LSB 算法、4LSB 算法和 3-3-2 算法的平均嵌入容量分别为 299520bit/帧、599040bit/帧、1198080bit/帧、798720bit/帧，具备较好的嵌入容量。1LSB 算法、2LSB 算法、4LSB 算法和 3-3-2 算法的平均嵌入率分别为 12.5%、25%、50%、33%，其中 1LSB 算法因为修改位数最少，嵌入率及嵌入容量最低；4LSB 算法因为修改位数最多，嵌入率及嵌入容量最高。测试视频 RaceHorses、BlowingBubbles、Keiba、BasketballPass、BQSquare 因为分辨率相同，所以可用于嵌入的像素数量也一样，每个测试视频在同一算法下的嵌入容量也相同。

表 3.2　实验对比结果（嵌入容量）　　　　　　　　　　（单位：bit/帧）

视频序列	1LSB	2LSB	4LSB	3-3-2
RaceHorses	299520	599040	1198080	798720
BlowingBubbles	299520	599040	1198080	798720
Keiba	299520	599040	1198080	798720
BasketballPass	299520	599040	1198080	798720
BQSquare	299520	599040	1198080	798720

　　通过本节的实验可以看出，LSB 替换算法的嵌入容量和其修改位数呈现线性关系，LSB 修改位数的增多会引起视觉质量的下降。LSB 替换算法虽有较为优秀的嵌入容量，但其简单的嵌入方式很容易被攻击者破解，进而提取出秘密信息，因此可以考虑只修改视频运动区域的像素来提高视频载体的不可感知性，进而提升此类视频隐写算法的安全性。

3.3　变换域视频隐写技术

3.3.1　概述

　　变换域视频隐写技术一般是指利用离散余弦变换（DCT）[21-27]、离散小波变换（DWT）[28-35]或离散傅里叶变换（DFT）[36,37]等将秘密信息嵌入变换后的低频、中频或高频系数中的方法。与空域视频隐写技术相比，变换域视频隐写技术的实现过程更为复杂，提高了对视频压缩等操作的鲁棒性。

DCT 作为经典的变换技术，以逐帧或逐块的方式广泛用于图像和视频的压缩方法中。对视频帧进行二维 DCT 得到相应的频谱图，低频（变化幅度小）的部分反映在 DCT 系数块的左上方，高频（变化幅度大）的部分反映在 DCT 系数块的右下方。由于人眼对高频部分不敏感，依靠低频部分就能基本识别出视频帧内容，所以对视频帧进行压缩的时候，往往只存储 DCT 变换后的左上部分，而右下部分则直接丢弃。

在基于 DCT 的视频隐写过程中，由于直接对整帧进行 DCT 的复杂度较高，为了提升变换的效率，一般先对视频帧进行分块，然后在每一块中分别进行 DCT 和其逆变换，最后再合并分块。由于采用较小的分块会明显增加块效应（块效应：由于视频采用基于块的编码方式和量化，相邻块之间存在明显差异，人眼能够察觉到小块边界处的不连续），因此这类隐写算法较容易出现块效应问题。

文献[21]提出的基于 DCT 的隐写算法是该领域的早期算法之一，该算法先以 MPEG-2 标准压缩视频作为载体，使用纹理遮罩和多维晶格结构等技术，以 8×8 块为单位进行 DCT，将变换后的秘密信息系数进行量化；然后使用多维晶格进行编码；最后将其嵌入视频载体帧 DCT 系数中。文献[22]提出了一种适应压缩编码的视频隐写算法，该算法将视频帧内亮度像素值对应的 DCT 系数作为嵌入位置，具有较好的不可感知性，同时面对多次有损压缩也表现出了较好的鲁棒性。文献[23]提出了一种基于伪 3D-DCT 的视频隐写算法，该算法先通过进行两次 DCT 来近似 3D-DCT，然后采用量化索引调制方法对 DCT 系数中的高频系数进行修改。该算法应对视频压缩处理具有较好的鲁棒性，但面对缩放或旋转等几何攻击比较脆弱。

小波变换的原理是将信号分解为一组称为小波的基函数，离散小波变换（DWT）是指在特定子集上采取缩放和平移的小波变换，是一种兼具时域和频域多分辨率能力的信号分析方法。DWT 具备多分辨率的处理能力，能够对人眼视觉系统进行更精确的建模，同时高分辨率的子带能够有效地检测变换域中存在的纹理区域或边缘等特征。另外，DWT 不需要将输入的视频帧分割成非重叠的二维块，因此减少了块效应等不良影响。DWT 在信号处理和图像/视频压缩领域中应用广泛。文献[28]提出了一种基于多目标跟踪算法和纠错码的鲁棒视频隐写算法。该算法在嵌入之前会进行一定的预处理，应用汉明码等纠错技术对秘密信息进行编码；接着在视频载体上实施基于运动的多目标跟踪算法以划分运动对象中的感兴趣区域；最后通过前景蒙版技术将秘密信息嵌入视频中所有运动区域的 DWT 和 DCT 系数中。实验结果表明该方案不仅提高了算法的嵌入容量和不可感知性，还增强了算法的安全性和鲁棒性。

传统离散小波变换对于整数类型的输入数据有可能输出浮点系数。从理论上而言，这不会影响到对原始信号的重建。但在实际应用中，算法精度会受到限制，因此会损失部分原始信号的数据。有学者提出了"整数到整数"小波变换重建原始信号，文献[29]利用此方法将秘密信息嵌入视频的运动区域。该算法首先对运动分量进行逐帧计算；然后对计算出的运动分量进行二级整数小波分解；最后根据对应的三个高频子带的系数值将秘密信息嵌入低频系数中。该算法能够保证秘密信息被嵌入较大的运动区域中，使视频载体保持较好的视觉质量，但需要选择运动分量较大的视频进行隐写来提升嵌入容量。文献[30]也提出了一种使用整数小波变换的技术。视频载体的每帧首先被分解成红、绿、蓝三种颜色分量，产生三个新的视频序列；然后对每个序列进行离散整数小波变换，并将秘密信息嵌入系数的最低有效位；最后应用逆离散整数小波变换将三个修改后的序列合并为一个隐写视频。该算法还使用了跨时间轴的一维离散整数小波变换。实验结果表明，时域一维离散整数小波变换的性能优于 LSB、二维离散整数小波变换和三维离散整数小波变换。

　　文献[31]提出了一种使用惰性小波变换(lazy wavelet transform，LWT)技术的视频隐写算法。该算法中每个视频帧被分为四个子带，然后将秘密信息嵌入 RGB 像素值的 LWT 系数中，秘密信息的长度被隐藏在音频系数中。该算法具有很高的嵌入容量，但鲁棒性很差。文献[32]提出了一种使用嵌入式零树小波(embedded zerotree wavelet，EZW)有损压缩技术的 BPCS 视频隐写算法。该算法首先将视频帧分为多个具有不同特征(包括相关性、复杂性等特征)的 DWT 系数子带；接着将每个 DWT 系数子带进行位平面划分；然后将量化后的 DWT 系数用于嵌入秘密信息，具有较好的嵌入容量和鲁棒性。文献[33]同样提出了一种利用 BPCS 和小波压缩视频的视频隐写算法。在该算法中，视频帧和秘密信息的每个位平面都被分割成 8×8 大小的块；然后使用一个复杂性测量阈值来选择类似噪声的位平面块；最后通过 BPCS 方法将小波压缩技术应用于所选块，把秘密信息隐藏在量化的 DWT 系数中。该算法不能保证所有类型的视频载体都包含足够的类似噪声的位平面区域，因此性能不够稳定。

　　DFT 方法目前在视频隐写技术中的使用相对较少。文献[36]提出了一种奇异傅里叶隐写术(strange Fourier steganography，SFS)来针对电影进行隐写，该算法允许用户在电影中自定义所隐藏数据的复杂性，这使得查找和检测秘密信息变得十分困难，从而提高了隐写的安全性。文献[37]利用自定义的同步模板检测可能遭受的信号处理等攻击操作，具有较好的鲁棒性，但是其所采用的 3D-DFT 模型大大增加了算法实现的复杂度。另外，根据文献[38]的分析结果，DFT 方法会产生较大的舍入误差，因此不建议用于视频隐写。

3.3.2　基于 DWT 的变换域视频隐写算法

　　为了方便读者理解，本节以二维 DWT(图 3.9)为例介绍变换域视频隐写技术。首先对视频帧的每一行进行一维 DWT(即行分解)，获得该视频帧在水平方

向上的低频分量 L 和高频分量 H；然后进一步对所得数据的每一列进行一维 DWT（即列分解），得到该视频帧在水平和垂直方向上的低频分量系数 LL1、水平方向上的低频和垂直方向上的高频分量系数 LH1、水平方向上的高频和垂直方向上的低频分量系数 HL1 以及水平和垂直方向上的高频分量系数 HH1。上述过程对该视频帧进行了一次一级分解，在此基础上可以进一步对该视频帧的 LL 分量系数进行类似的二级分解。重构过程可视为分解过程的逆过程：首先对分解所得分量系数的每一列进行一维 DWT 逆变换；再对分解所得分量系数的每一行进行一维 DWT 逆变换，即可重构得到原来的视频帧。

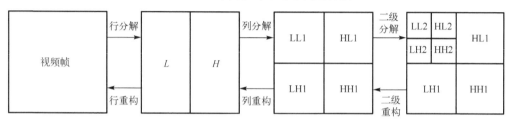

图 3.9　二维 DWT 分解与重构示意图

对视频帧进行 DWT 是一个将帧内像素值分解成高频系数和低频系数的过程。如果需要获取更深尺度的高频系数和低频系数，可以进一步对视频帧的 LL 分量系数迭代进行 DWT。图 3.10 是经过 3 层 DWT 分解的视频帧结构示意图。

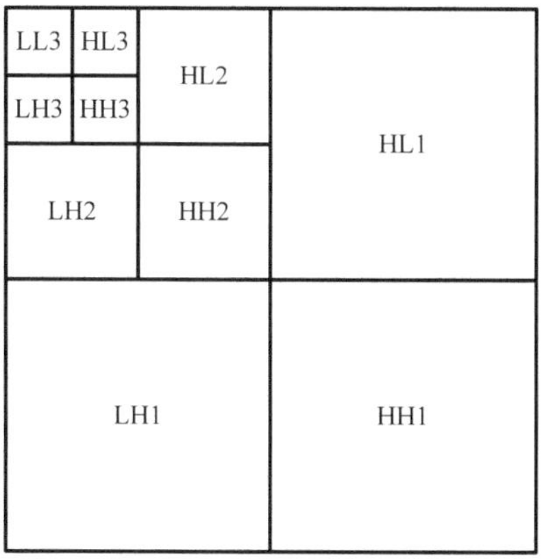

图 3.10　视频帧 3 层 DWT 分解结构示意图

对于尺寸为 $M×N$ 的视频帧，设帧内像素值为 $f(x,y)$，其二维 DWT 公式如式（3.1）和式（3.2）所示：

$$W_{\varphi}(j_0,m,n) = \frac{1}{\sqrt{MN}} \sum_{x=0}^{M-1} \sum_{y=0}^{N-1} f(x,y)\varphi_{j_0,m,n}(x,y) \tag{3.1}$$

$$W_\psi^i(j,m,n) = \frac{1}{\sqrt{MN}} \sum_{x=0}^{M-1} \sum_{y=0}^{N-1} f(x,y)\psi_{j,m,n}^i(x,y), \quad i \in \{H,V,D\} \tag{3.2}$$

其中，j_0 表示 DWT 分解的初始尺度；j 表示当前分解尺度；$W_\varphi(j_0,m,n)$ 表示尺度 j_0 处的低频近似系数；$\varphi_{j_0,m,n}(x,y)$ 表示二维尺度函数；$W_\psi^i(j,m,n)$ 表示尺度 j 处水平、垂直和对角线三个方向的高频细节系数；$\psi_{j,m,n}^i(x,y)$ 表示对应的 3 个二维小波函数，$i \in \{H,V,D\}$，H 表示水平方向，V 表示垂直方向，D 表示对角线方向；$f(x,y)$ 即被分解为这 4 个函数和对应系数在不同尺度与位置的线性组合。

视频帧在进行二维 DWT 后，其 LL 分量系数(低频系数)包含该视频帧的大部分信息，如果嵌入秘密信息到其 LL 分量系数，则通常会对隐写视频的不可感知性产生很大影响。另外，视频帧的 HL、LH 和 HH 分量系数(高频系数)包含的是该视频帧的纹理和边缘等细节信息，秘密信息嵌入这些分量系数对隐写视频的不可感知性影响较小，所以大多数 DWT 隐写算法的嵌入位置都是视频帧的 HL、LH 和 HH 分量系数。对这些 DWT 分量系数进行各种修改即可实现具体的嵌入提取方案，如基于 LSB 方法修改二进制 DWT 系数值的最低有效位等。

3.3.3　性能测试与评价

为了更好地展示二维 DWT 算法，我们在 H.265/HEVC 视频标准编解码软件 HM 16.0 上进行实验，测试视频序列是分辨率为 416×240 的 RaceHorses、BlowingBubbles、Keiba、BasketballPass、BQSquare 等动态性互不相同的标准测试视频，像素值由 R、G、B 三个 8 位颜色通道组成。对每个视频帧使用 1 层二维 DWT，并使用 1 位 LSB 替换来嵌入秘密信息到 DWT 系数(经过 1 层二维 DWT 后形成的四种分量系数分别称为 LL 系数、HL 系数、LH 系数和 HH 系数)中。每个测试视频编码了 200 个帧且帧率是 30 帧/s，PSNR 值是由嵌入视频帧与原始视频帧对比计算求出的，并且是 200 个帧的 PSNR 平均值，嵌入容量是 200 个帧的平均每帧嵌入比特数，嵌入率是每帧实际嵌入比特与每帧最大嵌入比特的比率。

表 3.3 是嵌入秘密信息到 LL 系数、HL 系数、LH 系数和 HH 系数的 PSNR 对比结果。图 3.11 是测试视频 BlowingBubbles 的某原始视频帧，图 3.12～图 3.15 分别是使用 LL 系数、HL 系数、LH 系数和 HH 系数进行嵌入的视觉效果对比图。从表 3.3 可以看到，低频系数 LL 的 PSNR 平均值为 35.20，HL 系数、LH 系数、HH 系数的 PSNR 平均值分别为 48.84、48.67、49.23，其中嵌入秘密信息到 HH 系数的 PSNR 平均值最高，嵌入低频系数和嵌入高频系数的视觉质量差距较为明显，这是因为低频系数代表的是视频帧的概貌信息，对其进行修改会极大地影响

视觉质量。因此，把秘密信息嵌入高频系数可以获得不错的不可感知性。

表 3.3　实验对比结果（PSNR）　　　　　　（单位：dB）

项目	LL 系数	HL 系数	LH 系数	HH 系数
RaceHorses 序列	35.52	48.84	49.33	50.67
BlowingBubbles 序列	34.57	49.42	47.48	49.28
Keiba 序列	35.63	48.77	49.53	48.75
BasketballPass 序列	35.55	48.53	48.65	49.03
BQSquare 序列	34.71	48.66	48.38	48.42
平均值	35.20	48.84	48.67	49.23

图 3.11　BlowingBubbles 原始视频帧

图 3.12　BlowingBubbles 嵌入视频帧（LL）

图 3.13　BlowingBubbles 嵌入视频帧（HL）

图 3.14　BlowingBubbles 嵌入视频帧（LH）

图 3.15　BlowingBubbles 嵌入视频帧（HH）

表 3.4 是嵌入秘密信息到 LL 系数、HL 系数、LH 系数和 HH 系数的嵌入容量对比结果。根据 DWT 分解结构，LL 系数、HL 系数、LH 系数和 HH 系数的数量一样，皆为每帧像素总数的四分之一，因此嵌入容量也相同，为 4880bit/帧，具有较好的嵌入容量。LL 系数、HL 系数、LH 系数和 HH 系数的平均嵌入率都为 3.1%（使用 1 位 LSB 替换对每个 DWT 系数进行嵌入的总体嵌入率为 12.5%，四类子系数均相同）。测试视频 RaceHorses、BlowingBubbles、Keiba、BasketballPass、BQSquare 因为分辨率相同，所以可用于嵌入的 LL 系数、HL 系数、LH 系数和 HH 系数的数量也一样，每个测试视频在同一类系数下的嵌入容量也相同。

表 3.4　实验对比结果（嵌入容量）　　　　　　　（单位：bit/帧）

视频序列	LL 系数	HL 系数	LH 系数	HH 系数
RaceHorses	74880	74880	74880	74880
BlowingBubbles	74880	74880	74880	74880
Keiba	74880	74880	74880	74880
BasketballPass	74880	74880	74880	74880
BQSquare	74880	74880	74880	74880

通过本节的实验可以看出，基于 DWT 的视频隐写算法的本质是对视频帧像素值进行二维 DWT，从而得到 DWT 系数，算法本身并没有特定的嵌入方案，因此算法的实际嵌入容量取决于如何对这些系数进行修改。为了提升视频载体的不可感知性，应尽量选择高频 DWT 系数进行修改。

参 考 文 献

[1] Mstafa R J, Elleithy K M. A video steganography algorithm based on Kanade-Lucas-Tomasi tracking algorithm and error correcting codes. Multimedia Tools and Applications, 2016, 75(17): 10311-10333.

[2] Singh S, Agarwal G. Hiding image to video: A new approach of LSB replacement. International Journal of Engineering Science and Technology, 2010, 2(12): 6999-7003.

[3] Eltahir M E, Kiah L M, Zaidan B B, et al. High rate video streaming steganography. 2009 International Conference on Information Management and Engineering, Kuala Lumpur, 2009: 550-553.

[4] Liu S, Liu Y X, Feng C, et al. Blockchain privacy data protection method based on HEVC video steganography. 2020 3rd International Conference on Smart BlockChain, Zhengzhou, 2020: 1-6.

[5] Hu S D, Tak U K. A novel video steganography based on non-uniform rectangular partition. 2011 14th IEEE International Conference on Computational Science and Engineering, Dalian, 2011: 57-61.

[6] Shirali-Shahreza M. A new method for real-time steganography. 2006 8th International Conference on Signal Processing, Guilin, 2006, 4: 1-4.

[7] Channalli S, Jadhav A. Steganography an art of hiding data. International Journal on Computer Science and Engineering, 2009,1(3): 137-141.

[8] Idbeaa T F, Jumari K, Samad S A, et al. A large capacity steganography using bit plane complexity segmentation (BPCS) algorithm for MPEG-4 video. International Journal of Computer and Network Security, 2010, 2(7): 67-75.

[9] Bansod S P, Mane V M, Ragha R. Modified BPCS steganography using hybrid cryptography for improving data embedding capacity. 2012 International Conference on Communication, Information & Computing Technology, Mumbai, 2012: 1-6.

[10] Shi P P, Li Z H. An improved BPCS steganography based on dynamic threshold. 2010 International Conference on Multimedia Information Networking and Security, Nanjing, 2010: 388-391.

[11] Sun S L. A new information hiding method based on improved BPCS steganography. Advances in Multimedia, 2015, 2015: 1-7.

[12] Chawla R K, Muttoo S K. Steganography using bit plane complexity segmentation and artificial neural network. International Journal of Advanced Research in Computer Science, 2017, 8(5): 1618-1625.

[13] Wei L L, Hu R Q, Pados D A, et al. Optimal multiuser spread-spectrum data embedding in video streams. 2014 IEEE Global Communications Conference, Austin, 2014: 764-769.

[14] Wei L L, Wu G, Hu R Q. Sum-capacity optimal spread-spectrum data hiding in video streams. 2015 IEEE International Conference on Communications, London, 2015: 7407-7412.

[15] Li M, Liu Q, Guo Y Q, et al. Optimal M-PAM spread-spectrum data embedding with precoding. Circuits, Systems, and Signal Processing, 2016, 35(4): 1333-1353.

[16] Li M, Guo Y Q, Wang B, et al. Secure spread-spectrum data embedding with PN-sequence masking. Signal Processing Image Communication, 2015, 39: 17-25.

[17] Valizadeh A, Wang Z J. An improved multiplicative spread spectrum embedding scheme for data hiding. IEEE Transactions on Information Forensics and Security, 2012, 7(4): 1127-1143.

[18] Valizadeh A, Wang Z J. Efficient blind decoders for additive spread spectrum embedding based data hiding. EURASIP Journal on Advances in Signal Processing, 2012, 2012(1): 1-21.

[19] Khupse S, Patil N N. An adaptive steganography technique for videos using steganoflage. 2014 International Conference on Issues and Challenges in Intelligent Computing Techniques, Ghaziabad, 2014: 811-815.

[20] Alavianmehr M A, Rezaei M, Helfroush M S, et al. A lossless data hiding scheme on video raw data robust against H.264/AVC compression. 2012 2nd International eConference on Computer and Knowledge Engineering, Mashhad, 2012: 194-198.

[21] Chae J J, Manjunath B S. Data hiding in video. Proceedings of the International Conference on Image Processing, Kobe, 1999: 311-315.

[22] Chen T Y, Wang D J, Chen T H, et al. A compression-resistant invisible watermarking scheme for H.264. Proceedings of the 5th International Conference on Intelligent Information Hiding and Multimedia Signal Processing, Kyoto, 2009: 17-20.

[23] Huang H Y, Yang C H, Hsu W H. A video watermarking technique based on pseudo-3-D DCT and quantization index modulation. IEEE Transactions on Information Forensics and Security, 2010, 5(4): 625-637.

[24] Huang H Y, Yang C H, Hsu W H. A video watermarking algorithm based on pseudo 3D DCT. 2009 IEEE Symposium on Computational Intelligence for Image Processing, Nashville, 2009: 76-81.

[25] Huang A A, Wang H X, Wu X X. Video zero-watermarking algorithm based on pseudo-3D DCT domain. Journal of Sichuan University (Natural Science Edition), 2014, 51(1): 53-58.

[26] Jiang Y Q, Song C L. An improved video zero-watermarking algorithm in pseudo 3D-DCT domain. Computer Engineering & Science, 2017, 39(9): 1721-1728.

[27] Liu X Y, Zhu Y S, Sun Z Q, et al. A novel robust video fingerprinting-watermarking hybrid scheme based on visual secret sharing. Multimedia Tools and Applications, 2015, 74(21): 9157-9174.

[28] Mstafa R J, Elleithy K M, Abdelfattah E. A robust and secure video steganography method in DWT-DCT domains based on multiple object tracking and ECC. IEEE Access, 2017, 5: 5354-5365.

[29] Xu C Y, Ping X J. A steganographic algorithm in uncompressed video sequence based on difference between adjacent frames. Proceedings of the 4th International Conference on Image and Graphics, Chengdu, 2007: 297-302.

[30] Abbass A S, Soleit E A, Ghoniemy S A. Blind video data hiding using integer wavelet transforms. Ubiquitous Computing and Communication Journal, 2007, 2(1): 11-25.

[31] Patel K, Rora K K, Singh K, et al. Lazy wavelet transform based steganography in video. 2013 International Conference on Communication Systems and Network Technologies,

Gwalior, 2013: 497-500.

[32] Stanescu D, Stratulat M, Ciubotaru B, et al. Embedding data in video stream using steganography. Proceedings of the 4th International Symposium on Applied Computational Intelligence and Informatics, Timisoara, 2007: 241-244.

[33] Noda H, Furuta T, Niimi M, et al. Application of BPCS steganography to wavelet compressed video. 2004 International Conference on Image Processing, Singapore, 2004: 2147-2150.

[34] Sharma M, Tiwari A, Sharma M, et al. A fusion technique of video watermarking in wavelet domain and encryption method for video authentication. International Journal of Computer Applications, 2015, 115(1): 30-34.

[35] Anitha G, Maria K. Probing image and video steganography based on discrete wavelet and discrete cosine transform. Proceedings of the 5th International Conference on Science Technology Engineering and Mathematics, Chennai, 2019: 21-24.

[36] McKeon R T. Strange Fourier steganography in movies. 2007 IEEE International Conference on Electro/Information Technology, Chicago, 2007: 178-182.

[37] Deguillaume F, Csurka G, O'Ruanaidh J J K, et al. Robust 3D DFT video watermarking. Security and Watermarking of Multimedia Contents, San Jose, 1999, 3657: 113-124.

[38] Raja K B, Chowdary C R, Venugopal K R, et al. A secure image steganography using LSB, DCT and compression techniques on raw images. Proceedings of the 3rd International Conference on Intelligent Sensing and Information Processing, Bangalore, 2005: 170-176.

第 4 章　压缩域视频隐写技术

4.1　引　　言

压缩域已成为当前视频隐写研究的主要领域，与前述的原始域视频隐写技术不同的是，压缩域视频隐写主要选取视频压缩过程中的编码参数、句法元素、残差系数等作为嵌入秘密信息的载体，含秘密信息的载体重新经过熵编码写入视频目标码流中，因而可以有效地抵御因网络传输而采取的压缩、解压缩等一系列视频处理操作来保持秘密信息的完整存在。由于现有的视频大部分需经网络压缩传输，因此压缩域的视频隐写技术具有重要的研究和应用价值。现有基于压缩域的视频隐写技术根据压缩过程中嵌入载体的不同主要分为基于 DCT/DST 系数、帧内预测模式、运动矢量以及基于熵编码四类视频隐写技术。

本章 4.2 节介绍基于 DCT/DST 系数的视频隐写技术，4.3 节介绍基于帧内预测模式的视频隐写技术，4.4 节介绍基于运动矢量的视频隐写技术，4.5 节介绍基于熵编码的视频隐写技术。

4.2　基于 DCT/DST 系数的视频隐写技术

4.2.1　概述

DCT/DST 系数是指视频原始像素值减去预测像素值后的像素残差经过变换、量化后的残差值。选择 DCT/DST 系数作为视频隐写的嵌入载体的一个主要原因在于残差系数占据了视频码流内容的大部分，大量的残差系数为视频隐写提供了充足的嵌入空间。基于 DCT/DST 系数的视频隐写基本嵌入过程如图 4.1 所示。

在基于 DCT/DST 系数的视频隐写嵌入过程中，DCT/DST 系数通常产生于视频帧预测(帧内/帧间)、变换和量化之后，熵编码(CABAC/CAVLC)之前。尽管任何尺寸的 DCT/DST 系数块均可以作为嵌入秘密信息的载体，但为了提高视频隐写的不可感知性，通常选取较小尺寸如 8×8 或者 4×4 的 DCT/DST 系数块作为载体，并依据预先建立的嵌入映射规则和秘密信息的二值化比特特征修改特定的

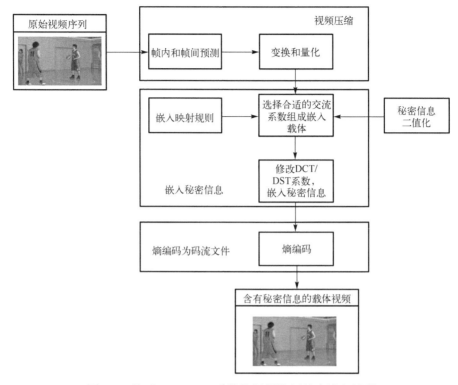

图 4.1　基于 DCT/DST 系数的视频隐写基本嵌入过程

DCT/DST 系数。对 DCT/DST 系数的修改更多地位于 DCT/DST 系数块的右下区域，即高频系数，最后将含秘密信息的 DCT/DST 系数重新熵编码为视频载体。

　　图 4.2 所示的是基于 DCT/DST 系数的视频隐写基本提取过程，是其嵌入过程的一个逆过程。经网络传输的视频码流文件（.bin 对应于 H.265/HEVC，.264 对应于 H.264/AVC）经过熵解码等获得含有秘密信息的 DCT/DST 系数，依据预先建立好的秘密信息提取映射规则，将当前 DCT/DST 系数块中的秘密信息提取出来。同时提取秘密信息后的 DCT/DST 系数经过反变换、反量化、预测等步骤重构解码视频。

　　DCT/DST 可以去除视频帧内部的空间冗余。针对视频内容变化幅度较小的区域，可通过 DCT/DST 将能量在空间域的分散分布转换为在变换域（DCT/DST 域）的相对集中分布，使后续的熵编码压缩效率更高。在 DCT/DST 中，DCT 技术使用范围广泛，在早期的 H.261、MPEG-1 到现今应用范围最广的 H.264/AVC、MPEG-4，乃至新一代视频编解码标准 H.265/HEVC 中广泛采用，而 DST 被首次使用在 H.265/HEVC 中，用于提高帧内编码性能，但仅应用于 4×4 变换块。

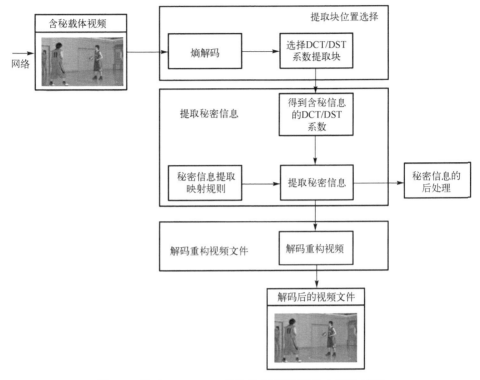

图 4.2 基于 DCT/DST 系数的视频隐写基本提取过程

基于 DCT 的秘密信息嵌入是视频隐写领域最常用的嵌入算法,因其充分的嵌入空间和一定的鲁棒性能而成为目前视频隐写最热门的领域之一。采用修改 DCT 量化系数嵌入秘密信息的算法也常使用在水印研究领域[1-9]。在视频隐写领域,基于 DCT 系数进行视频隐写的算法也层出不穷。更小的嵌入误差、更大的嵌入容量和增强的鲁棒性一直是基于 DCT 系数的视频隐写算法研究追求的目标。

基于量化后的 DCT 嵌入算法大多选择在 I 帧的 DCT 系数上进行嵌入,只需经过部分熵解码与熵编码过程,降低了嵌入秘密信息对码率的影响。文献[10]~[12]提出的基于 H.264/AVC 帧内无失真漂移的视频隐写算法都是依据特定的条件选择 I 帧的 DCT 交流系数来实现秘密信息嵌入。这三种算法的共同点都是利用耦合系数对修改 DCT 系数来实现秘密信息的嵌入,耦合系数对中的一个系数用来隐藏秘密信息,另外一个系数用来补偿由秘密信息嵌入带来的块内误差,用以控制帧内失真漂移和提高视觉质量;不同点在于文献[11]在文献[10]的基础之上还采用了预测模式来消除帧内失真漂移,文献[12]在文献[11]的基础上采用 BCH 码来提高秘密信息在误码情形下的鲁棒性能。

现有的 H.264/AVC 隐写算法一般都是在 I 帧量化后的 DCT 系数中嵌入秘密

信息，这是因为对 H.264/AVC 视频来说，I 帧是关键帧，B 帧与 P 帧在编码过程中具有很高的压缩比，大量的零系数被压缩，因此可作为嵌入空间的比例大大降低。另外，以量化后的 P 帧或 B 帧 DCT 系数嵌入秘密信息，不可避免地会造成视频质量的下降，同时也会限制嵌入容量，相应地增加了在算法设计上实现鲁棒性的难度。由于网络带宽等限制，B 帧与 P 帧在视频序列中大量存在，因而也存在不少基于 B 帧和 P 帧的 DCT 视频隐写研究方法。文献[13]对嵌入误差和帧间(B、P 帧)失真漂移建立了理论分析，通过对不同区域的 DCT 系数建立不同的优先级，从而达到限制帧间失真漂移的目的。在此工作中，其建立的帧间失真漂移可表示为

$$D_e(n) = \alpha \cdot D_e(n-1) + p \cdot E\{[\tilde{r}(n,i) - \hat{r}(n,i)]^2\} \tag{4.1}$$

其中，$D_e(n)$ 表示在第 n 帧中因嵌入秘密信息所导致的嵌入误差；α 为一个与视频内容相关联的常量；p 为在第 n 帧中嵌入消息的概率；$\tilde{r}(n,i)$、$\hat{r}(n,i)$ 分别表示嵌入秘密信息与不嵌入秘密信息的重构像素值。从式(4.1)可以看出，嵌入误差随着视频帧的递增而逐步累积。不同区域的 DCT 系数建立的不同优先级如图 4.3 所示。

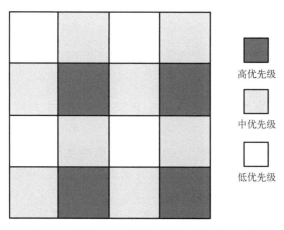

图 4.3　不同 DCT 系数对应的嵌入优先级

　　由于 H.265/HEVC 视频编解码标准在帧内 4×4 变换块中采用了 DST，因此基于 DST 的视频隐写算法也应运而生。文献[14]通过设置不同的阈值条件，使用 LSB 方式修改 DCT/DST 系数来进行视频隐写。此算法可适用于 I 帧、B 帧和 P 帧，具有较大的嵌入容量，但由于没有控制帧内失真漂移的措施，其嵌入误差较大，视频隐写的安全性不强。文献[15]通过建立与预测模式相结合的多系数组，完全控制了帧内失真漂移，达到了减小嵌入失真误差的目的。

在基于 DCT/DST 系数的视频隐写研究中，如何减小嵌入误差、提高视频载体的视觉质量是此类视频隐写研究的一个主要目的。如前面所述，由于 DCT/DST 系数占据了视频压缩后码流文件的绝大部分，在 DCT/DST 系数中进行视频隐写会极大地提高视频载体的不可感知性且具有极大的嵌入容量，因此基于 DCT/DST 系数的视频隐写一直以来都是国内外学者的一个研究热点。在众多的基于 DCT/DST 系数的视频隐写算法中，无帧内失真漂移隐写算法以其优秀的嵌入性能和较好的不可感知性等优点成为基于 DCT/DST 系数的视频隐写算法的代表算法。下面以基于 DCT 系数的 H.264/AVC 无帧内失真漂移视频隐写算法和基于 DST 系数的 H.265/HEVC 无帧内失真漂移视频隐写算法为例来介绍基于 DCT/DST 系数的视频隐写算法。

4.2.2 基于 DCT 系数的 H.264/AVC 无帧内失真漂移视频隐写算法

基于 H.264/AVC 的无帧内失真漂移视频隐写算法主要通过控制帧内失真漂移和耦合系数对来减小嵌入误差，提高视频载体的视觉质量。控制帧内失真漂移是为了让当前块嵌入秘密信息后产生的嵌入误差不通过预测机制传递到后面的 DCT 系数块中，而耦合系数对的作用是控制当前块的嵌入误差在最后一行或最后一列归零，即补充了控制帧内失真漂移的理论。下面详细介绍 H.264/AVC 帧内失真漂移、控制失真漂移机制、嵌入误差、耦合系数对、嵌入与提取过程。

1. H.264/AVC 帧内失真漂移

为了阻止帧内失真漂移，首先分析在 H.264/AVC 内引起帧内失真漂移的原因。以图 4.4 中的 4×4 亮度块为例，假定待解码的 4×4 亮度块为 $B_{i,j}$，$B_{i,j}$ 的预测值是由已解码的 $B_{i,j-1}$、$B_{i-1,j-1}$、$B_{i-1,j}$、$B_{i-1,j+1}$ 灰色部分的像素值与当前块所采用的帧内预测模式共同计算出来的，若在当前块的周边四个邻块(图 4.4)灰色部分的像素中嵌入信息，那么其嵌入所引起的误差必然会通过上述计算像素预测值的方法传递到要计算的当前块的像素值中，产生帧内失真漂移。

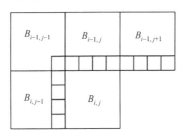

图 4.4 H.264/AVC 帧内预测块及其相邻块

2. 控制失真漂移机制

由以上 H.264/AVC 帧内失真漂移分析得出，一个 4×4 亮度块的失真漂移是由嵌入了秘密信息的边缘像素值通过预测和重构机制传递给其周边块的。在 H.264/AVC 编解码标准中，有 9 种 4×4 块的帧内预测模式（图 4.5），它们分别用 0～8 的数字来代表；H.264/AVC 编解码标准还有 4 种 16×16 块的帧内预测模式（图 4.6），它们分别用 0～3 的数字来代表。

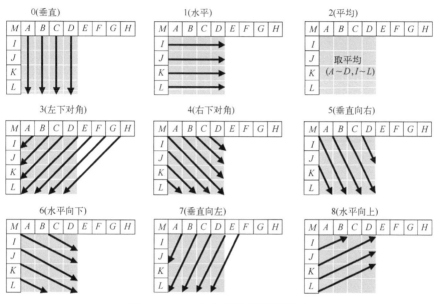

图 4.5　4×4 亮度块帧内预测模式

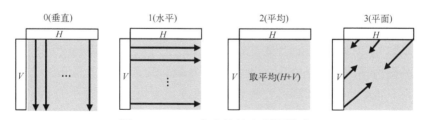

图 4.6　16×16 亮度块帧内预测模式

帧内预测模式是 H.264/AVC 视频编码标准预测模块采用的技术之一。在帧内预测模式下，先依据当前块的周边块（左边和左上角）以及预测模式计算得到预测块 P；然后将当前块与预测块相减，得到残差值；再对这个残差值进行 DCT、量化与熵编码等操作。为了使残差值最小，对当前块进行编码时，通常会按一定的算法选择最优的编码模式。图 4.5 表示对 4×4 块进行预测时，其当前块的像素 a～p 是由已编码块的边缘像素 A～M 按照一定的预测模式计算得到的。每种预测模式对应着一个运算公式，按照这个运算公式由像素 $A \sim M$ 计算得到 4×4 当前块像素预测值。4×4 亮度块的 9 种预测模式的块内像素预测值的计算方法如表 4.1 所示，16×16 亮度块的 4 种预测模式的块内像素预测值计算方法如表 4.2 所示。

表 4.1　4×4 块像素预测值的计算方法

模式	计算方法
0（垂直）	块内像素由正上方像素值预测推出
1（水平）	块内像素由左方像素值预测推出
2（平均）	块内像素预测值由图 4.5 所示邻近 8 个像素点 $A \sim D$ 及 $I \sim L$ 取平均值推出
3（左下对角）	块内像素预测值由 $A \sim L$ 像素通过权重不等的公式加权推出
4（右下对角）	块内像素预测值由 $A \sim L$ 像素通过权重不等的公式加权推出
5（垂直向右）	块内像素预测值由 $A \sim L$ 像素通过权重不等的公式加权推出
6（水平向下）	块内像素预测值由 $A \sim L$ 像素通过权重不等的公式加权推出
7（垂直向左）	块内像素预测值由 $A \sim L$ 像素通过权重不等的公式加权推出
8（水平向上）	块内像素预测值由 $A \sim L$ 像素通过权重不等的公式加权推出

表 4.2　16×16 块像素预测值的计算方法

模式	计算方法
0（垂直）	块内像素由正上方像素值预测推出
1（水平）	块内像素由左方像素值预测推出
2（平均）	块内像素由正上方和左方像素值的平均值推出
3（平面）	块内像素由正上方、左方像素值和平面函数推出

如果当前块的预测值的计算不采用藏有秘密信息的邻块的边缘像素值，那么帧内失真漂移就能避免。为了方便起见，给出当前块的几个邻块的条件定义[10-12]。

条件 4.1　右邻块 $\in \{0,3,7\}_{4\times4} \bigcup \{0\}_{16\times16}$；右邻块的帧内预测模式是 0, 3, 7 的 4×4 亮度块，或者是 0 的 16×16 的亮度块。

条件 4.2　左下邻块 $\in \{0,1,2,4,5,6,8\}_{4\times4} \bigcup \{0,1,2,3\}_{16\times16}$，下邻块 $\in \{0,8\}_{4\times4} \bigcup \{1\}_{16\times16}$；左下邻块的帧内预测模式是 0, 1, 2, 4, 5, 6, 8 的 4×4 亮度块，或者是 0, 1, 2, 3 的 16×16 的亮度块；下邻块的帧内预测模式是 0, 8 的 4×4 亮度块，或者是 1 的 16×16 的宏块。

条件 4.3　右下邻块 $\in \{0,1,2,3,7,8\}_{4\times4} \bigcup \{0,1,2,3\}_{16\times16}$；右下邻块的帧内预测模式是 0, 1, 2, 3, 7, 8 的 4×4 亮度块，或者是 0, 1, 2, 3 的 16×16 的亮度块。

由以上定义可以看出，对一个 4×4 块来说，如果当前块满足条件 4.1，则在该 4×4 亮度块内嵌入信息所导致的块内误差不会通过最右边的像素值传递到其右邻块中，因为该列像素值不用作参考像素，如果当前块内最下边的嵌入误差也同时为 0，则可以完全阻隔帧内失真漂移；若当前 4×4 亮度块满足条件 4.2，那么在该块内嵌入信息所导致的块内误差不会通过最下边的像素值传递到其左下与下邻块中，因为该行像素值不用作参考像素，如果当前块内最右边的嵌入误差同时为 0，则可以完全阻隔帧内失真漂移；若当前 4×4 亮度块满足条件 4.3，则该块右下角的像素值不用作参考像素，所以在该块内嵌入信息所导致的块内误差不会通过右下角的像素值传递到其右下邻块。同样，如果当前块的邻块的边缘像素值都不作为当前块的预测值使用，那么在此邻块的任意一个像素嵌入秘密信息，嵌入引起的误差都不会传递到当前块。例如，若一个 4×4 亮度块同时满足条件 4.1、条件 4.2 和条件 4.3，那么在该块嵌入信息所导致的误差不会通过像素预测传递到周边块。

利用条件 4.1、条件 4.2 和条件 4.3，我们可以实现对帧内失真漂移的预防。

3. 嵌入误差

帧内嵌入误差是指在 I 帧内嵌入秘密信息而导致的视频失真。下面给出帧内嵌入误差的分析过程。

基于 DCT 系数的 H.264/AVC 视频隐写方法大多选择在量化后的 DCT 系数中进行。在量化后的 4×4 DCT 系数上 Y 的嵌入操作可表示为

$$Y' = Y + \Delta \tag{4.2}$$

其中，$\Delta = \delta_{ij}$ $(i, j \in \{0,1,2,3\})$ 是所嵌入秘密信息的分布矩阵；Y' 是嵌入秘密信息后得到的含有秘密信息的 4×4 量化 DCT 系数。

对含有秘密信息的视频解码得到 Y'，对 Y' 重变换得到

$$\begin{aligned} Y'' &= Y' \times Q_{\text{step}} \times \text{PF} \times 64 \\ &= Y \times Q_{\text{step}} \times \text{PF} \times 64 + \Delta \times Q_{\text{step}} \times \text{PF} \times 64 \end{aligned} \tag{4.3}$$

其中，Q_{step} 为量化步长，PF 矩阵如下：

$$\text{PF} = \begin{bmatrix} a^2 & \dfrac{ab}{2} & a^2 & \dfrac{ab}{2} \\ \dfrac{ab}{2} & \dfrac{b^2}{4} & \dfrac{ab}{2} & \dfrac{b^2}{4} \\ a^2 & \dfrac{ab}{2} & a^2 & \dfrac{ab}{2} \\ \dfrac{ab}{2} & \dfrac{b^2}{4} & \dfrac{ab}{2} & \dfrac{b^2}{4} \end{bmatrix}, \quad a = \frac{1}{2}, \quad b = \sqrt{\frac{2}{5}}$$

通过离散余弦逆变换和加速尺度量化处理操作后，可以得到亮度块残差 R''，其中操作符 round 表示四舍五入取整：

$$\begin{aligned} R'' &= \text{round}[(C_i^{\text{T}} Y' C_i) / 64] \\ &= \text{round}[C_i^{\text{T}}(Y \times Q_{\text{step}} \times \text{PF}) C_i + C_i^{\text{T}}(\Delta \times Q_{\text{step}} \times \text{PF}) C_i] \end{aligned} \tag{4.4}$$

其中，C_i^{T} 如下所示：

$$C_i^{\mathrm{T}} = \begin{bmatrix} 1 & 1 & 1 & \dfrac{1}{2} \\ 1 & \dfrac{1}{2} & -1 & -1 \\ 1 & -\dfrac{1}{2} & -1 & 1 \\ 1 & -1 & 1 & -\dfrac{1}{2} \end{bmatrix}$$

C_i 是由 C_i^{T} 转置得到，不含秘密信息的视频残差系数经过反离散余弦变换和加速尺度量化处理操作后的残差 R'，则由嵌入秘密信息引起的误差矩阵 $E\,(E = (e_{ij})_{4\times4})$ 通过下式得到。

$$\begin{aligned} E &= R'' - R' \\ &= \mathrm{round}[C_i^{\mathrm{T}}(Y \times Q_{\mathrm{step}} \times \mathrm{PF})C_i + C_i^{\mathrm{T}}(\varDelta \times Q_{\mathrm{step}} \times \mathrm{PF})C_i] \\ &\quad - \mathrm{round}[C_i^{\mathrm{T}}(Y \times Q_{\mathrm{step}} \times \mathrm{PF})C_i] \end{aligned} \tag{4.5}$$

用矩阵 $B\,(B = (b_{ij})_{4\times4})$ 表示 $C_i^{\mathrm{T}}(\varDelta \times Q_{\mathrm{step}} \times \mathrm{PF})C_i$，则可得

$$e_{ij} = \mathrm{round}(b_{ij}) - 1 \text{ 或 } \mathrm{round}(b_{ij}) \text{ 或 } \mathrm{round}(b_{ij}) + 1$$

特别是，当 $b_{ij} = 0$ 时，$e_{ij} = 0$。

4. 耦合系数对

耦合系数对的作用是分析位于 4×4 亮度残差块边缘的关键像素值(即最右边一列的像素和最下面一行的像素)的嵌入失真与嵌入 DCT 系数位置的关系。分别对最右边一列像素的嵌入误差和最下面一行像素的嵌入误差进行归零，可推导得到下述耦合系数对。

定义使当前 4×4 亮度残差块嵌入误差矩阵最右边一列值为零的耦合系数对集合为垂直集合(vertical set，VS)：

$$\begin{aligned} \mathrm{VS} = \{&(Y_{00}, Y_{02}), (Y_{02}, Y_{00}), (Y_{10}, Y_{12}), (Y_{12}, Y_{10}), \\ &(Y_{20}, Y_{22}), (Y_{22}, Y_{20}), (Y_{30}, Y_{32}), (Y_{32}, Y_{30}), \\ &(Y_{01}, 2Y_{03}), (Y_{11}, 2Y_{13}), (Y_{21}, 2Y_{23}), (Y_{31}, 2Y_{33})\} \end{aligned}$$

其中，$Y_{ij}(i, j \in \{0,1,2,3\})$ 是当前 4×4 亮度残差块中坐标为 (i, j) 的残差系数值。以同样的方式定义使当前 4×4 亮度残差块嵌入误差矩阵最后一行值为零的耦合系数对集合为水平集合(horizontal set，HS)：

$$\begin{aligned} \mathrm{HS} = \{&(Y_{00}, Y_{20}), (Y_{20}, Y_{00}), (Y_{01}, Y_{21}), (Y_{21}, Y_{01}), \\ &(Y_{02}, Y_{22}), (Y_{22}, Y_{02}), (Y_{03}, Y_{23}), (Y_{23}, Y_{03}), \\ &(Y_{10}, 2Y_{30}), (Y_{11}, 2Y_{31}), (Y_{12}, 2Y_{32}), (Y_{13}, 2Y_{33})\} \end{aligned}$$

下面给出耦合系数对 VS 和 HS 的证明过程。

推论 4.1　若 $b_{i3} = 0$ $(i = 0, 1, 2, 3)$，则有

$$\Delta = \begin{bmatrix} \partial_{00} & \partial_{01} & -\partial_{00} & -2\partial_{01} \\ \partial_{10} & \partial_{11} & -\partial_{10} & -2\partial_{11} \\ \partial_{20} & \partial_{21} & -\partial_{20} & -2\partial_{21} \\ \partial_{30} & \partial_{31} & -\partial_{30} & -2\partial_{31} \end{bmatrix}, \quad \partial_{ij} \in \mathbf{Z}, \quad i = 0,1,2,3; \quad j = 0,1$$

证明　根据前面内容，可知矩阵 $B = C_i^{\mathrm{T}} (\Delta \times Q_{\text{step}} \times \text{PF}) C_i$，若 $b_{i3} = 0$ $(i = 0, 1, 2, 3)$，则有

$$\frac{Q_{\text{step}}}{16} \left\{ \left[4(\partial_{00} + \partial_{02}) - 2\sqrt{\frac{2}{5}}(2\partial_{01} + \partial_{03}) \right] h_0 + \left[4(\partial_{20} + \partial_{22}) - 2\sqrt{\frac{2}{5}}(2\partial_{21} + \partial_{23}) \right] h_1 \right.$$

$$\left. + \left[2\sqrt{\frac{2}{5}}(\partial_{10} + \partial_{12}) - \frac{4}{5}(2\partial_{11} + \partial_{13}) \right] h_2 + \left[2\sqrt{\frac{2}{5}}(\partial_{30} + \partial_{32}) - \frac{4}{5}(2\partial_{31} + \partial_{33}) \right] h_3 \right\} = 0$$

其中

$$h_0 = \begin{pmatrix} 1 \\ 1 \\ 1 \\ 1 \end{pmatrix}, \quad h_1 = \begin{pmatrix} 1 \\ -1 \\ -1 \\ 1 \end{pmatrix}, \quad h_2 = \begin{pmatrix} 2 \\ 1 \\ -1 \\ -2 \end{pmatrix}, \quad h_3 = \begin{pmatrix} 1 \\ -2 \\ 2 \\ -1 \end{pmatrix}$$

由于 h_0、h_1、h_2 和 h_3 四个向量是线性无关的，可得

$$\begin{cases} 4(\partial_{00} + \partial_{02}) - 2\sqrt{\dfrac{2}{5}}(2\partial_{01} + \partial_{03}) = 0 \\[2mm] 4(\partial_{20} + \partial_{22}) - 2\sqrt{\dfrac{2}{5}}(2\partial_{21} + \partial_{23}) = 0 \\[2mm] 2\sqrt{\dfrac{2}{5}}(\partial_{10} + \partial_{12}) - \dfrac{4}{5}(2\partial_{11} + \partial_{13}) = 0 \\[2mm] 2\sqrt{\dfrac{2}{5}}(\partial_{30} + \partial_{32}) - \dfrac{4}{5}(2\partial_{31} + \partial_{33}) = 0 \end{cases}$$

又由 $\partial_{ij} \in \mathbf{Z}$，得

$$\begin{cases} \partial_{00} + \partial_{02} = 0 \\ \partial_{20} + \partial_{22} = 0 \\ \partial_{10} + \partial_{12} = 0 \\ \partial_{30} + \partial_{32} = 0 \\ 2\partial_{01} + \partial_{03} = 0 \\ 2\partial_{11} + \partial_{13} = 0 \\ 2\partial_{21} + \partial_{23} = 0 \\ 2\partial_{31} + \partial_{33} = 0 \end{cases}$$

即

$$\Delta = \begin{bmatrix} \partial_{00} & \partial_{01} & -\partial_{00} & -2\partial_{01} \\ \partial_{10} & \partial_{11} & -\partial_{10} & -2\partial_{11} \\ \partial_{20} & \partial_{21} & -\partial_{20} & -2\partial_{21} \\ \partial_{30} & \partial_{31} & -\partial_{30} & -2\partial_{31} \end{bmatrix}$$

命题得证。

推论 4.2　若 $b_{3j} = 0\ (j = 0, 1, 2, 3)$，则有

$$\Delta = \begin{bmatrix} \partial_{00} & \partial_{01} & \partial_{02} & \partial_{03} \\ \partial_{10} & \partial_{11} & \partial_{12} & \partial_{13} \\ -\partial_{00} & -\partial_{01} & -\partial_{02} & -\partial_{03} \\ -2\partial_{10} & -2\partial_{11} & -2\partial_{12} & -2\partial_{13} \end{bmatrix}, \quad \partial_{ij} \in \mathbf{Z}, \quad i = 0,1, \quad j = 0,1,2,3$$

证明　根据前面内容，可知矩阵 $B = C_i^{\mathrm{T}} (\Delta \times Q_{\mathrm{step}} \times \mathrm{PF}) C_i$，若 $b_{3j} = 0\ (j = 0, 1, 2, 3)$，则有

$$\frac{Q_{\mathrm{step}}}{16}\left\{\left[4(\partial_{00} + \partial_{20}) - 2\sqrt{\frac{2}{5}}(2\partial_{10} + \partial_{30})\right]h_0 + \left[4(\partial_{02} + \partial_{22}) - 2\sqrt{\frac{2}{5}}(2\partial_{12} + \partial_{32})\right]h_1 \right.$$

$$\left. + \left[2\sqrt{\frac{2}{5}}(\partial_{01} + \partial_{21}) - \frac{4}{5}(2\partial_{11} + \partial_{31})\right]h_2 + \left[2\sqrt{\frac{2}{5}}(\partial_{03} + \partial_{23}) - \frac{4}{5}(2\partial_{13} + \partial_{33})\right]h_3 \right\} = 0$$

其中

$$h_0 = \begin{pmatrix} 1 \\ 1 \\ 1 \\ 1 \end{pmatrix}, \quad h_1 = \begin{pmatrix} 1 \\ -1 \\ -1 \\ 1 \end{pmatrix}, \quad h_2 = \begin{pmatrix} 2 \\ 1 \\ -1 \\ -2 \end{pmatrix}, \quad h_3 = \begin{pmatrix} 1 \\ -2 \\ 2 \\ -1 \end{pmatrix}$$

由于 h_0、h_1、h_2 和 h_3 四个向量是线性无关的，可得

$$\begin{cases} 4(\partial_{00} + \partial_{20}) - 2\sqrt{\dfrac{2}{5}}(2\partial_{10} + \partial_{30}) = 0 \\[2mm] 4(\partial_{02} + \partial_{22}) - 2\sqrt{\dfrac{2}{5}}(2\partial_{12} + \partial_{32}) = 0 \\[2mm] 2\sqrt{\dfrac{2}{5}}(\partial_{01} + \partial_{21}) - \dfrac{4}{5}(2\partial_{11} + \partial_{31}) = 0 \\[2mm] 2\sqrt{\dfrac{2}{5}}(\partial_{03} + \partial_{23}) - \dfrac{4}{5}(2\partial_{13} + \partial_{33}) = 0 \end{cases}$$

又由 $\partial_{ij} \in \mathbf{Z}$，得

$$\begin{cases}\partial_{00} + \partial_{20} = 0 \\ \partial_{02} + \partial_{22} = 0 \\ \partial_{01} + \partial_{21} = 0 \\ \partial_{03} + \partial_{23} = 0 \\ 2\partial_{10} + \partial_{30} = 0 \\ 2\partial_{11} + \partial_{31} = 0 \\ 2\partial_{12} + \partial_{32} = 0 \\ 2\partial_{13} + \partial_{33} = 0 \end{cases}$$

即

$$\Delta = \begin{bmatrix} \partial_{00} & \partial_{01} & \partial_{02} & \partial_{03} \\ \partial_{10} & \partial_{11} & \partial_{12} & \partial_{13} \\ -\partial_{00} & -\partial_{01} & -\partial_{02} & -\partial_{03} \\ -2\partial_{10} & -2\partial_{11} & -2\partial_{12} & -2\partial_{13} \end{bmatrix}$$

命题得证。

5. 嵌入与提取过程

1）嵌入过程

图 4.7 给出了该算法的嵌入过程。首先对原始视频进行熵解码等处理得到 I 帧内每个块的帧内预测模式与每个残差块的量化 DCT 系数。选择残差绝对值较大的 4×4 亮度块作为备选嵌入块。根据当前块邻块的帧内预测模式判断是否符合条件 4.1（或条件 4.2），根据判断结果，从 HS（或 VS）中选择合适的耦合系数对进行嵌入操作。向待嵌入块内的耦合系数对中的嵌入系数进行秘密信息嵌入，同时调整补偿系数用以对嵌入引起的块内嵌入误差进行补偿，以杜绝误差在块间的传递，达到消除帧内失真漂移的目的。若当前块邻块的帧内预测模式同时符合条件 4.1、条件 4.2 和条件 4.3，则不使用耦合系数对嵌入操作做补偿。最后所有的量化 DCT 系数重新熵编码得到目标嵌入视频。

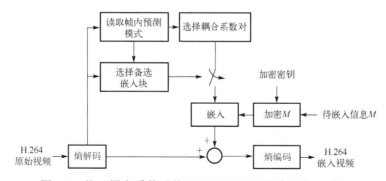

图 4.7　基于耦合系数对的 H.264/AVC 视频隐写嵌入过程

以 HS 耦合系数对 (Y_{22}, Y_{02}) 为例来解释嵌入过程的具体方法。嵌入信息为二值比特流 $m = \{m_1, m_2, \cdots, m_n\}$，$m_i \in \{0,1\}$，嵌入位置为 I 帧内亮度残差绝对值较大的 4×4 亮度块中的耦合系数对 (Y_{22}, Y_{02})。残差大小根据直流系数 Y_{00} 的绝对值和自定义参数 T 的值进行判断，备选耦合系数对为 (Y_{22}, Y_{02})。每个直流系数绝对值大于 T，且其邻块帧内预测模式满足条件 4.1 的 4×4 亮度块内嵌入 1bit 信息。

2）提取过程

图 4.8 给出了该算法的提取过程。算法从 H.264/AVC 嵌入视频流中提取信息，首先对嵌入视频进行熵解码等处理，得到量化后的 DCT 系数；然后根据发送方和接收方秘密共享的自定义参数 T 以及解码块的直流系数，确定残差绝对值较大的 4×4 亮度块，并将其作为待提取块；最后根据邻块的帧内预测模式是否满足条件 4.1、条件 4.2 或条件 4.3 来判断，是否从备选可提取块中提取信息以及从哪一个耦合系数对中进行提取。

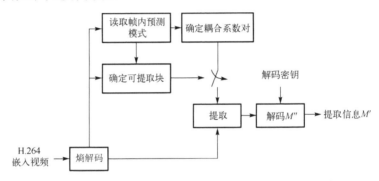

图 4.8 基于耦合系数对的 H.264/AVC 视频隐写提取过程

若提取信息为 $m' = \{m_1', m_2', \cdots, m_n'\}$，$m_i' \in \{0,1\}$，发送方和接收方共享参数 T 的值，提取块为 I 帧内直流系数绝对值大于 T 的 4×4 亮度块且邻块的帧内预测模式满足条件 4.1 的 4×4 亮度块，则提取系数位置为耦合系数对 (Y_{22}, Y_{02}) 中的嵌入系数 Y_{22}。每个符合提取条件的 4×4 亮度块内可以提取出 1bit 信息。

4.2.3 基于 DST 系数的 H.265/HEVC 无帧内失真漂移视频隐写算法

基于 H.265/HEVC 的无帧内失真漂移视频隐写算法[15,16]主要通过控制帧内失真漂移和多系数来减小嵌入误差，提高视频载体的视觉质量。控制失真漂移是让当前块嵌入秘密信息后产生的嵌入误差不通过预测机制传递到后面的 DST 系数块中，而多系数的作用是控制当前块的嵌入误差在最后一行或最后一列归零，即补充了控制帧内失真漂移的理论。下面详细介绍 H.265/HEVC 帧内失真漂移、控制失真漂移机制、嵌入误差、多系数、嵌入与提取过程。

1. H.265/HEVC 帧内失真漂移

在 H.265/HEVC 中失真漂移产生的原因与 H.264/AVC 相似，帧内失真漂移产生在当前 4×4 DST 系数块中嵌入秘密信息的过程中，如图 4.9 所示。在当前预测块 4×4 DST 系数块中，重构和解码的相应系数由 $B_{i,j}$ 中每个位置的预测像素值加上残差像素值组成。而当前 $B_{i,j}$ 中预测像素值由其参考像素（在图 4.9 中标识的灰色像素值）经比较计算产生。如果我们在当前块的周边块 $B_{i+1,j-1}, B_{i,j-1}, B_{i-1,j-1}, B_{i-1,j}, B_{i-1,j+1}$ 中嵌入秘密信息，则嵌入误差将会通过预测机制传递到当前块 $B_{i,j}$ 中，这就是帧内失真漂移产生的原因。

2. 控制失真漂移机制

在 H.265/HEVC 中控制失真漂移的机制[15,16]与 H.264/AVC[10-12]相似，也是通过不采用含有秘密信息的邻块的边缘像素值计算当前块的预测值，避免帧内失真漂移。同样地，控制帧内失真漂移的三个条件定义如下。

条件 4.4　左下块预测模式属于 $\{2,3,\cdots,26\}_{4\times4}$ 中的一种，下块预测模式属于 $\{2,3,\cdots,10\}_{4\times4}$ 中的一种。

若当前块周边块所属的预测模式属于条件 4.4，如图 4.10 所示，则最下行的像素值不作为参考像素供下块和左下块预测使用，即在当前块的嵌入误差不会传递到下块和左下块。

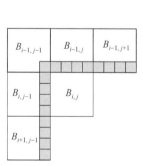
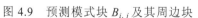

图 4.9　预测模式块 $B_{i,j}$ 及其周边块

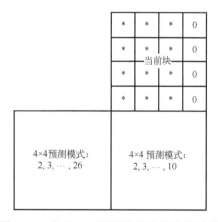

图 4.10　条件 4.4 所属的当前块和周边块

条件 4.5　当前块的右上块预测模式属于 $\{10,11,\cdots,34,\mathrm{DC}\}_{4\times4}$ 中的一种，右块预测模式属于 $\{26,27,\cdots,34\}_{4\times4}$ 中的一种。

若当前块周边块所属的预测模式属于条件 4.5，如图 4.11 所示，则最右列的像素值不作为参考像素供右块和右上块预测使用，即在当前块的嵌入误差不会传递到右块和右上块。

条件 4.6 左下块预测模式属于 $\{2,3,\cdots,26\}_{4\times4}$ 中的一种，下块预测模式属于 $\{2,3,\cdots,10\}_{4\times4}$ 中的一种，右上块预测模式属于 $\{10,11,\cdots,34,DC\}_{4\times4}$ 中的一种，右块预测模式属于 $\{26,27,\cdots,34\}_{4\times4}$ 中的一种。且右下块预测模式属于 $\{2,3,\cdots,10,26,27,\cdots,34,DC,$ 平面 $\}_{4\times4}$ 中的一种。

若当前块周边块所属的预测模式属于条件 4.6，如图 4.12 所示，则最下行和最右列的像素值不作为参考像素供所有的周边块预测使用，即在当前块的嵌入误差不会传递到所有的周边块。

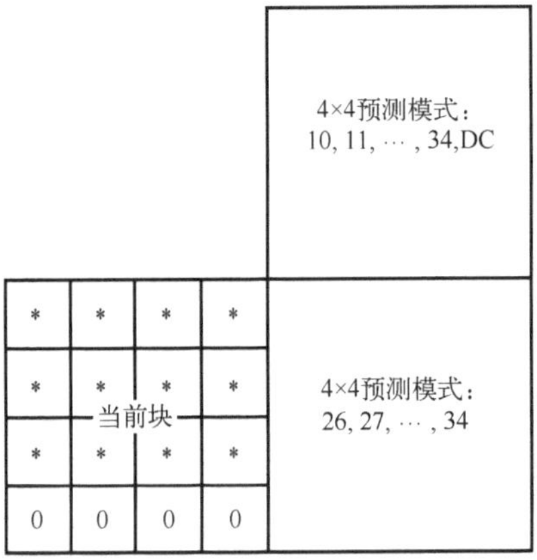

图 4.11 条件 4.5 所属的当前块和周边块

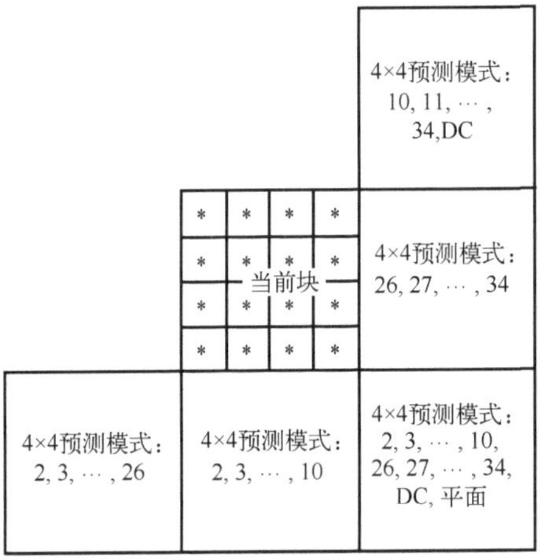

图 4.12 条件 4.6 所属的当前块和周边块

从上述的三个条件的定义可以看到，若当前块周边块的预测模式满足条件 4.4，则当前块嵌入秘密信息所产生的误差不会传递给下块和左下块。由于最右边一列的嵌入误差依然会传递给其他周边块(如右块、右上块和右下块)，因此需要进一步通过多系数(类似于前面的耦合系数对)来控制最右一列的嵌入误差，使其为 0，以阻止帧内失真漂移。若当前块周边块的预测模式满足条件 4.5，则当前块嵌入秘密信息所产生的误差不会传递给右块和右上块。因为最下边一行的嵌入误差依然会传递给其他周边块(如下块、左下块和右下块)，因此需要进一步通过多系数来使最下边一行的嵌入误差为 0。若当前块周边块的预测模式满足条件 4.6，则当前块嵌入秘密信息所产生的误差不会传递给周边块，因其最后一行和最后一列的嵌入误差均不被周边块所参考预测，即可完全阻隔帧内失真漂移。下面就嵌入误差和多系数做进一步阐述和分析。

3. 嵌入误差

下面给出嵌入误差的产生过程，在当前的量化 4×4 DST 系数块 $\tilde{Y}$ 中嵌入秘密信息 Δ，可表示为

$$\tilde{Y}' = \tilde{Y} + \Delta \tag{4.6}$$

通过 DST 逆变换过程后，其获得的残差像素矩阵 X'' 可表示为

$$
\begin{aligned}
X'' &= H^{\mathrm{T}} \tilde{Y}' H \\
&= H^{\mathrm{T}}(\tilde{Y} \times Q_{\text{step}} \times 2^{6\text{-shift}})H + H^{\mathrm{T}}(\Delta \times Q_{\text{step}} \times 2^{6\text{-shift}})H
\end{aligned} \tag{4.7}
$$

其中，$2^{6\text{-shift}}$ 为尺度缩放，矩阵 H 如下：

$$
H = \begin{bmatrix}
29 & 55 & 74 & 84 \\
74 & 74 & 0 & -74 \\
84 & -29 & -74 & 55 \\
55 & -84 & 74 & -29
\end{bmatrix}
$$

分式 $H^{\mathrm{T}}(\tilde{Y} \times Q_{\text{step}} \times 2^{6\text{-shift}})H$ 为传统的 DST 系数逆变换，而分式 $H^{\mathrm{T}}(\Delta \times Q_{\text{step}} \times 2^{6\text{-shift}})H$ 为将信息嵌入到 DST 系数后产生的嵌入误差。如果用矩阵 E 表示嵌入误差，则嵌入误差可表示为

$$
E = H^{\mathrm{T}}(\Delta \times Q_{\text{step}} \times 2^{6\text{-shift}})H \tag{4.8}
$$

4. 多系数

多系数指的是三元量化 DST 系数组 (Y_1, Y_2, Y_3)，其中 Y_1 用于嵌入信息，而 Y_2 和 Y_3 用于嵌入系数后的补偿。嵌入失真补偿是指使当前嵌入系数块的最后一行或最后一列强制为 0 的过程。多系数可分为两组：

$$
\mathbf{VS} = \{(Y_{00}, Y_{02}, Y_{03}), (Y_{10}, Y_{12}, Y_{13}), (Y_{20}, Y_{22}, Y_{23}), (Y_{30}, Y_{32}, Y_{33})\}
$$

$$
\mathbf{HS} = \{(Y_{00}, Y_{20}, Y_{30}), (Y_{01}, Y_{21}, Y_{31}), (Y_{02}, Y_{22}, Y_{32}), (Y_{03}, Y_{23}, Y_{33})\}
$$

在得到嵌入误差后，完全阻隔帧内失真漂移的方法表述如下：如果当前嵌入系数块周边块的预测模式满足条件 4.4，则多系数嵌入应满足 VS，可使当前嵌入误差矩阵 E 的最后一列元素均为 0；如果当前嵌入系数块周边块的预测模式满足条件 4.5，则多系数嵌入应满足 HS，可使当前嵌入误差矩阵 E 的最后一行元素均为 0；如果当前嵌入系数块周边块的预测模式满足条件 4.6，由于其最后一行或最后一列的元素均不用作参考像素，因此其完全阻隔帧内失真漂移，不需要多系数条件。下面我们给出多系数 VS、HS 满足使嵌入误差矩阵 E 最后一列或最后一行值为 0 的证明。

证明 1(VS) 如果当前 4×4 DST 系数块周边块满足条件 4.4，则当前系数块最后一列的值应该为 0。如果嵌入误差矩阵 E 表示为如下形式：

$$
E = \begin{bmatrix}
e_{00} & e_{01} & e_{02} & 0 \\
e_{10} & e_{11} & e_{12} & 0 \\
e_{20} & e_{21} & e_{22} & 0 \\
e_{30} & e_{31} & e_{32} & 0
\end{bmatrix}
$$

根据嵌入误差矩阵 E 的矩阵形式，我们可以将式(4.8)重写为如下形式：

$$\begin{bmatrix} 29 & 55 & 74 & 84 \\ 74 & 74 & 0 & -74 \\ 84 & -29 & -74 & 55 \\ 55 & -84 & 74 & -29 \end{bmatrix}^{\mathrm{T}} \begin{bmatrix} \delta_{00} & \delta_{01} & \delta_{02} & \delta_{03} \\ \delta_{10} & \delta_{11} & \delta_{12} & \delta_{13} \\ \delta_{20} & \delta_{21} & \delta_{22} & \delta_{23} \\ \delta_{30} & \delta_{31} & \delta_{32} & \delta_{33} \end{bmatrix} \begin{bmatrix} 29 & 55 & 74 & 84 \\ 74 & 74 & 0 & -74 \\ 84 & -29 & -74 & 55 \\ 55 & -84 & 74 & -29 \end{bmatrix} = \begin{bmatrix} e_{00} & e_{01} & e_{02} & 0 \\ e_{10} & e_{11} & e_{12} & 0 \\ e_{20} & e_{21} & e_{22} & 0 \\ e_{30} & e_{31} & e_{32} & 0 \end{bmatrix}$$

由上式可得如下的计算关系：

$$(84\delta_{00} - 74\delta_{01} + 55\delta_{02} - 29\delta_{03}) \begin{bmatrix} 29 \\ 55 \\ 74 \\ 84 \end{bmatrix} + (84\delta_{10} - 74\delta_{11} + 55\delta_{12} - 29\delta_{13}) \begin{bmatrix} 74 \\ 74 \\ 0 \\ -74 \end{bmatrix}$$

$$+ (84\delta_{20} - 74\delta_{21} + 55\delta_{22} - 29\delta_{23}) \begin{bmatrix} 84 \\ -29 \\ -74 \\ 55 \end{bmatrix} + (84\delta_{30} - 74\delta_{31} + 55\delta_{32} - 29\delta_{33}) \begin{bmatrix} 55 \\ -84 \\ 74 \\ -29 \end{bmatrix} = \begin{bmatrix} 0 \\ 0 \\ 0 \\ 0 \end{bmatrix}$$

由于向量 $[29\ 55\ 74\ 84]^{\mathrm{T}}$、$[74\ 74\ 0\ -74]^{\mathrm{T}}$、$[84\ -29\ -74\ 55]^{\mathrm{T}}$、$[55\ -84\ 74\ -29]^{\mathrm{T}}$ 是线性无关的，因而上述的计算关系等式可以改写为如下等式：

$$\begin{cases} 84\delta_{00} - 74\delta_{01} + 55\delta_{02} - 29\delta_{03} = 0 \\ 84\delta_{10} - 74\delta_{11} + 55\delta_{12} - 29\delta_{13} = 0 \\ 84\delta_{20} - 74\delta_{21} + 55\delta_{22} - 29\delta_{23} = 0 \\ 84\delta_{30} - 74\delta_{31} + 55\delta_{32} - 29\delta_{33} = 0 \end{cases} \tag{4.9}$$

根据式 (4.9)，我们可以得到满足嵌入误差矩阵 E 的一组解：

$$\varDelta = \begin{bmatrix} \delta_{00} & 0 & -\delta_{00} & \delta_{00} \\ \delta_{10} & 0 & -\delta_{10} & \delta_{10} \\ \delta_{20} & 0 & -\delta_{20} & \delta_{20} \\ \delta_{30} & 0 & -\delta_{30} & \delta_{30} \end{bmatrix}$$

因此，当嵌入的秘密信息满足如上的 $\varDelta$ 时，可保证嵌入误差矩阵 E 最后一列的值恒为 0。

证明 2 (HS) 为了完全阻止帧内失真漂移，如果当前 4×4 系数块周边块满足条件 4.5，则当前系数块最后一行的值应该为 0。如果嵌入误差矩阵 E 表示为如下形式：

$$E = \begin{bmatrix} e_{00} & e_{01} & e_{02} & e_{03} \\ e_{10} & e_{11} & e_{12} & e_{13} \\ e_{20} & e_{21} & e_{22} & e_{23} \\ 0 & 0 & 0 & 0 \end{bmatrix}$$

根据嵌入误差矩阵 E 的矩阵形式，我们可以将式(4.8)表示为如下形式：

$$\begin{bmatrix} 29 & 55 & 74 & 84 \\ 74 & 74 & 0 & -74 \\ 84 & -29 & -74 & 55 \\ 55 & -84 & 74 & -29 \end{bmatrix}^{\mathrm{T}} \begin{bmatrix} \delta_{00} & \delta_{01} & \delta_{02} & \delta_{03} \\ \delta_{10} & \delta_{11} & \delta_{12} & \delta_{13} \\ \delta_{20} & \delta_{21} & \delta_{22} & \delta_{23} \\ \delta_{30} & \delta_{31} & \delta_{32} & \delta_{33} \end{bmatrix} \begin{bmatrix} 29 & 55 & 74 & 84 \\ 74 & 74 & 0 & -74 \\ 84 & -29 & -74 & 55 \\ 55 & -84 & 74 & -29 \end{bmatrix} = \begin{bmatrix} e_{00} & e_{01} & e_{02} & e_{03} \\ e_{10} & e_{11} & e_{12} & e_{13} \\ e_{20} & e_{21} & e_{22} & e_{23} \\ 0 & 0 & 0 & 0 \end{bmatrix}$$

由上可得如下的计算关系：

$$(84\delta_{00} - 74\delta_{10} + 55\delta_{20} - 29\delta_{30}) \begin{bmatrix} 29 \\ 55 \\ 74 \\ 84 \end{bmatrix} + (84\delta_{01} - 74\delta_{11} + 55\delta_{21} - 29\delta_{31}) \begin{bmatrix} 74 \\ 74 \\ 0 \\ -74 \end{bmatrix}$$

$$+ (84\delta_{02} - 74\delta_{12} + 55\delta_{22} - 29\delta_{32}) \begin{bmatrix} 84 \\ -29 \\ -74 \\ 55 \end{bmatrix} + (84\delta_{03} - 74\delta_{13} + 55\delta_{23} - 29\delta_{33}) \begin{bmatrix} 55 \\ -84 \\ 74 \\ -29 \end{bmatrix} = \begin{bmatrix} 0 \\ 0 \\ 0 \\ 0 \end{bmatrix}$$

由于向量 $[29\ \ 55\ \ 74\ \ 84]^{\mathrm{T}}$、$[74\ \ 74\ \ 0\ \ -74]^{\mathrm{T}}$、$[84\ \ -29\ \ -74\ \ 55]^{\mathrm{T}}$、$[55\ \ -84\ \ 74\ \ -29]^{\mathrm{T}}$ 是线性无关的，因而上述的计算关系等式可以表示成如下的等式：

$$\begin{cases} 84\delta_{00} - 74\delta_{10} + 55\delta_{20} - 29\delta_{30} = 0 \\ 84\delta_{01} - 74\delta_{11} + 55\delta_{21} - 29\delta_{31} = 0 \\ 84\delta_{02} - 74\delta_{12} + 55\delta_{22} - 29\delta_{32} = 0 \\ 84\delta_{03} - 74\delta_{13} + 55\delta_{23} - 29\delta_{33} = 0 \end{cases} \tag{4.10}$$

根据式(4.10)，我们可以得到满足嵌入误差矩阵 E 的一组解：

$$\Delta = \begin{bmatrix} \delta_{00} & \delta_{01} & \delta_{02} & \delta_{03} \\ 0 & 0 & 0 & 0 \\ -\delta_{00} & -\delta_{01} & -\delta_{02} & -\delta_{03} \\ \delta_{00} & \delta_{01} & \delta_{02} & \delta_{03} \end{bmatrix}$$

因此，当嵌入的秘密信息满足如上的 Δ 时，可保证嵌入误差矩阵 E 最后一行的值恒为 0。

5. 嵌入与提取过程

1）嵌入过程

嵌入过程如图 4.13 所示，原始视频码流文件首先通过熵解码过程得到帧内预测模式和 DST 系数。根据 4×4 DST 系数值和前面所选择的预测模式选择合适的

4×4 DST 系数块作为秘密信息的嵌入块。根据多系数嵌入失真补偿方法，将秘密信息嵌入选择的块中，嵌入信息后的 DST 系数重新熵编码为目标视频码流文件。

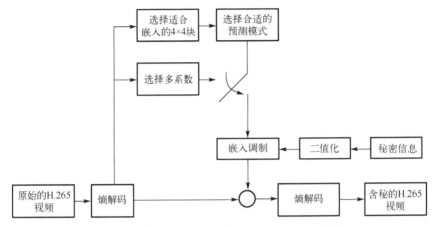

图 4.13　无帧内失真漂移的 H.265/HEVC 嵌入过程

为了更详细地了解嵌入过程，下面以多系数 (Y_{00}, Y_{20}, Y_{30}) 和 $Y_{ij}(i, j = 0,1,2,3)$ 为例介绍视频隐写的嵌入过程。如果当前 4×4 DST 系数块满足条件 4.4，则按照嵌入调制模式 1 将秘密信息嵌入 1 位到多系数 (Y_{00}, Y_{20}, Y_{30}) 中。如果当前 4×4 DST 系数块满足条件 4.5，则按照嵌入调制模式 1 将秘密信息嵌入 1 位到多系数 (Y_{00}, Y_{20}, Y_{30}) 中。如果当前 4×4 DST 系数块满足条件 4.6，则按照嵌入调制模式 2 将 16 位秘密信息嵌入 $Y_{ij}(i, j = 0,1,2,3)$ 中。如果当前 4×4 DST 系数块不满足上述条件，则跳过当前块，用相同的流程接着判断下一个 4×4 DST 系数块是否满足条件。下面给出嵌入调制模式 1 和 2 的具体内容。

（1）嵌入调制模式 1（假设所选择的多系数表示为 (Y_1, Y_2, Y_3)）。

①如果嵌入的秘密信息为 1，(Y_1, Y_2, Y_3) 应按照如下方式修改。

如果 $Y_1 \bmod 2 = 0$ 且 $Y_1 \geqslant 0$，那么 $Y_1 = Y_1 + 1$，$Y_2 = Y_2 - 1$，$Y_3 = Y_3 + 1$。

如果 $Y_1 \bmod 2 = 0$ 且 $Y_1 < 0$，那么 $Y_1 = Y_1 - 1$，$Y_2 = Y_2 + 1$，$Y_3 = Y_3 - 1$。

如果 $Y_1 \bmod 2 \neq 0$，那么 $Y_1 = Y_1$，$Y_2 = Y_2$，$Y_3 = Y_3$。

②如果嵌入的秘密信息为 0，(Y_1, Y_2, Y_3) 应按照如下方式修改。

如果嵌入 $Y_1 \bmod 2 \neq 0$ 且 $Y_1 \geqslant 0$，那么 $Y_1 = Y_1 + 1$，$Y_2 = Y_2 - 1$，$Y_3 = Y_3 + 1$。

如果嵌入 $Y_1 \bmod 2 \neq 0$ 且 $Y_1 < 0$，那么 $Y_1 = Y_1 - 1$，$Y_2 = Y_2 + 1$，$Y_3 = Y_3 - 1$。

如果 $Y_1 \bmod 2 = 0$，那么 $Y_1 = Y_1$，$Y_2 = Y_2$，$Y_3 = Y_3$。

（2）嵌入调制模式 2。

①如果嵌入的秘密信息为 1，则当前 4×4 DST 系数块中的系数 $Y_{ij}(i, j = 0,1,2,3)$ 应该按照如下方式修改。

如果 $Y_{ij} \bmod 2 = 0$ 且 $Y_{ij} \geqslant 0$，那么 $Y_{ij} = Y_{ij} + 1$。

如果 $Y_{ij} \bmod 2 = 0$ 且 $Y_{ij} < 0$，那么 $Y_{ij} = Y_{ij} - 1$。

如果 $Y_{ij} \bmod 2 \neq 0$，那么 $Y_{ij} = Y_{ij}$。

②如果嵌入的秘密信息为 1，则当前 4×4 DST 系数块中的系数 $Y_{ij}(i, j = 0, 1, 2, 3)$ 应该按照如下方式修改。

如果 $Y_{ij} \bmod 2 \neq 0$ 且 $Y_{ij} \geqslant 0$，那么 $Y_{ij} = Y_{ij} + 1$。

如果 $Y_{ij} \bmod 2 \neq 0$ 且 $Y_{ij} < 0$，那么 $Y_{ij} = Y_{ij} - 1$。

如果 $Y_{ij} \bmod 2 = 0$，那么 $Y_{ij} = Y_{ij}$。

2) 提取过程

提取过程如图 4.14 所示，提取过程是嵌入过程的一个逆过程，即含秘的目标视频码流文件经过网络传输到达提取端后，首先对视频码流文件进行熵解码以获得每一个 4×4 DST 系数块的 DST 系数值、当前块以及周边块的预测模式，依据预测模式的条件 4.4、条件 4.5 或条件 4.6 以及多系数 HS 或 VS 的条件判断，选择已嵌入了秘密信息的 4×4 待提取块；然后根据提取调制模式提取出秘密信息。整个提取过程快速而简单。假设提取的秘密信息为 $m = (m_1, m_2, \cdots, m_n)$，则第 i 个秘密信息 m_i 按照如下提取调制模式进行：

$$m_i = \begin{cases} 1, & \text{如果} Y_{ij} \bmod 2 = 1 \text{且当前块满足条件} 4.4 \\ 0, & \text{如果} Y_{ij} \bmod 2 = 0 \text{且当前块满足条件} 4.4 \end{cases}$$

$$m_i = \begin{cases} 1, & \text{如果} Y_{ij} \bmod 2 = 1 \text{且当前块满足条件} 4.5 \\ 0, & \text{如果} Y_{ij} \bmod 2 = 0 \text{且当前块满足条件} 4.5 \end{cases}$$

$$m_i = \begin{cases} 1, & \text{如果} Y_{ij} \bmod 2 = 1 \text{且当前块满足条件} 4.6 \\ 0, & \text{如果} Y_{ij} \bmod 2 = 0 \text{且当前块满足条件} 4.6 \end{cases}$$

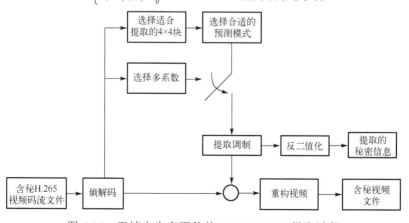

图 4.14　无帧内失真漂移的 H.265/HEVC 提取过程

4.2.4 性能测试与评价

1. 基于 DCT 系数的 H.264/AVC 无帧内失真漂移隐写算法性能测试与评价

基于 DCT 系数的 H.264/AVC 无帧内失真漂移隐写算法有效地解决了因为嵌入秘密信息而存在的帧内失真漂移问题，算法在耦合系数对理论的基础上，结合预测模式的选择分类，对量化后的 DCT 系数进行嵌入调制，并相应修改补偿系数来对嵌入误差进行补偿，达到控制帧内失真漂移、提高信息隐藏视觉效果的目的。

本算法在 H.264/AVC 视频标准编解码软件 JM 8.0 上进行实验，测试视频为 BridgeFar、Claire、Grandma、Container、MotherDaughter、Akiyo、Foreman、Hall、Carphone、BridgeClose、News、Mobile、Salesman 和 Coastguard，包含了不同纹理特征和动态性各异的测试样本。嵌入之前的 H.264/AVC 原始视频由这 14 个测试视频对应的四分之一通用中间格式 (quarter common intermediate format, QCIF) YUV 文件编码而得。每个测试视频编码帧率为 30 帧/s，编码前 300 帧，编码间隔 (intra-period) 为 15 (即编码帧类型序列为 IBPBPBPBPBPBPBPBPBPBPBPBPBP BPBPBPB)，每个视频中存在 10 个 I 帧，编码时对所有的 I 帧选择固定的量化参数 28，测试了三组耦合系数对：$\{(Y_{03}, Y_{23}), (Y_{30}, Y_{32})\}$，$\{(Y_{01}, Y_{21}), (Y_{10}, Y_{12})\}$ 和 $\{(Y_{02}, Y_{22}), (Y_{20}, Y_{22})\}$。每一组由分别来自 HS 和 VS 的两个耦合系数对组成。如果邻块帧内预测模式满足条件 4.1，则选择来自 HS 的那一个耦合系数对进行嵌入与补偿操作；如果邻块帧内预测模式满足条件 4.2，则选择来自 VS 的那一个耦合系数对进行嵌入与补偿操作。PSNR1 由嵌入视频帧与未编码的原始视频帧比较计算得到。PSNR2 由嵌入视频帧与原始视频的解码视频帧比较计算得到。这两种类型的峰值信噪比均为所有帧 (包括 I 帧、B 帧与 P 帧) 的亮度峰值信噪比的平均值。"原始视频"表示嵌入之前的原始 H.264/AVC 视频文件；"无补偿嵌入视频"表示未经任何补偿处理的传统 H.264/AVC 视频隐写算法对应的嵌入视频；"有补偿嵌入视频"表示使用耦合系数对在嵌入过程中对块内嵌入误差进行部分补偿后的嵌入视频，即使用了所介绍的基于 DCT 系数的 H.264/AVC 无帧内失真漂移隐写算法。嵌入容量是平均每个 I 帧所能嵌入的最大比特数，比特增加率是因嵌入秘密信息导致视频载体的比特流增加的比率。下面的性能分析主要从不可感知性、嵌入性能和性能比较三个方面进行描述。

1) 不可感知性

图 4.15 中分别给出了无帧内失真漂移和有帧内失真漂移的嵌入前后 PSNR1 和 PSNR2 的对比结果。在仅向单系数 Y_{03} 和 Y_{30}、Y_{01} 和 Y_{10}、Y_{02} 和 Y_{20} 嵌入时，14

个测试视频的 PSNR1 值分别平均降低了 8.21dB、10.14dB 和 8.82dB；PSNR2 均值分别为 29.87dB、27.55dB 和 28.84dB；若嵌入时进行系数补偿，依照 4.2.2 节描述的算法依次向耦合系数对 (Y_{03},Y_{23}) 和 (Y_{30},Y_{32})、(Y_{01},Y_{21}) 和 (Y_{10},Y_{12})、(Y_{02},Y_{22}) 和 (Y_{20},Y_{22}) 中嵌入信息并补偿后，14 个测试视频的 PSNR1 值分别平均降低了 1.46dB、2.24dB 和 1.99dB，PSNR2 均值分别为 41.01dB、38.67dB 和 39.10dB。

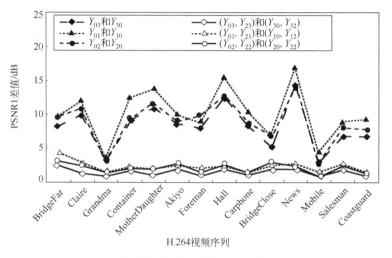

(a) 嵌入前与嵌入后的PSNR1之差

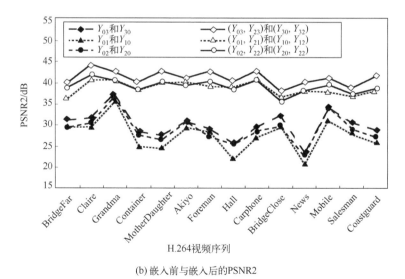

(b) 嵌入前与嵌入后的PSNR2

图 4.15　无帧内失真漂移和有帧内失真漂移视觉质量对比

　　为了对算法补偿和不补偿嵌入的不可感知性视觉效果进行对比，图 4.16 给出了测试视频 MotherDaughter 和 Coastguard 在嵌入前、无补偿嵌入后和有补偿嵌

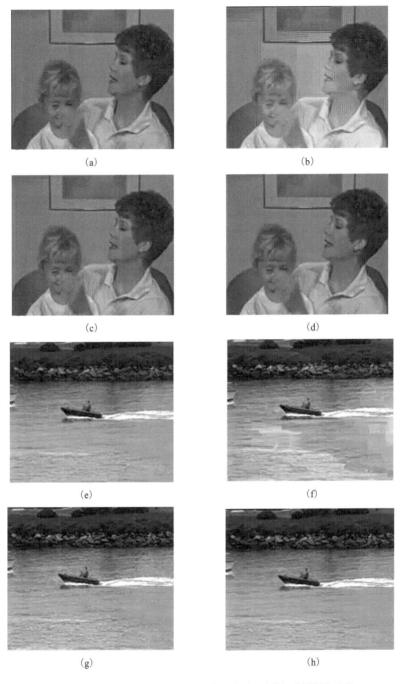

图 4.16　无帧内失真漂移和有帧内失真漂移视觉效果对比

入后的帧。图 4.16(a) 和图 4.16(e) 分别是测试视频 MotherDaughter 和 Coastguard 中的一帧原始视频帧；图 4.16(b) 和图 4.16(f) 是有失真漂移的两帧嵌入视频帧；图 4.16(c)、图 4.16(d)、图 4.16(g) 和图 4.16(h) 是无失真漂移的嵌入视频帧。从图 4.16 可以看出，无补偿的嵌入视频帧 (图 4.16(b) 和图 4.16(f)) 存在非常明显的视觉失真。图 4.16(b) 帧的中间部分存在大块失真，妈妈和女儿的脸部蒙上了一层不规则的白纱。图 4.16(f) 帧的水面存在严重失真。而对应于使用了无帧内失真漂移的嵌入视频帧 (图 4.16(c)、图 4.16(d)、图 4.16(g) 和图 4.16(h)) 则不存在大块失真，与原始视频帧 (图 4.16(a) 和图 4.16(e)) 视觉无差别。

2) 嵌入性能

图 4.17 给出了 14 个测试视频在 5 种不同的备选嵌入块选择条件下的嵌入容量。判断可嵌入块的依据是量化 DCT 系数的绝对值与邻块的帧内预测模式，与嵌入的具体耦合系数对无关。一个视频的嵌入容量由备选块选择条件决定。备选块选择条件越严格，则备选的可嵌入块越少，相应的嵌入容量也越小。同时，严格的备选块选择条件会带来更好的不可感知性和更低的比特变化率。

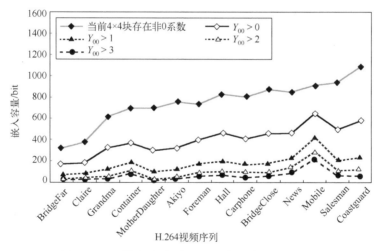

图 4.17　无帧内失真漂移视频隐写算法嵌入容量

图 4.18 给出了 14 个测试视频在不同的备选块选择条件下，向不同的耦合系数对 $(Y_{03}, Y_{23})(Y_{30}, Y_{32})$ 中嵌入的实验结果，包括了嵌入前后的 PSNR1 值的变化、PSNR2 与比特率增加率 (bit rate increase, BRI)。图 4.18(a) 展示了向耦合系数对 $(Y_{03}, Y_{23})(Y_{30}, Y_{32})$ 中嵌入信息时，在不同的备选块选择条件下，嵌入前后测试视频的 PSNR1 值的下降程度。图 4.18(b) 展示了嵌入后测试视频的 PSNR2 值。图 4.18(c) 展示了嵌入后测试视频的比特率增加率。

3）性能比较

表 4.3 给出了本算法与其他类似算法[17,18]的嵌入性能比较。文献[17]和文献[18]中的算法均仅能在已知嵌入内容的前提下，判断视频内是否存在该内容。而本算法在未知嵌入内容的条件下，可以完全提取出所嵌入的数据。从表 4.3 可以看到，在嵌入容量方面，本算法比文献[17]的算法平均多 82bit/帧，比文献[18]的算法多约 80bit/帧；在视觉效果上，本算法比文献[17]的算法平均提高约 4.70dB，比

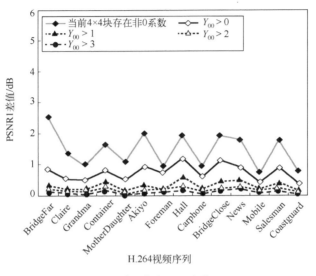

(a) 嵌入前后PSNR1之差

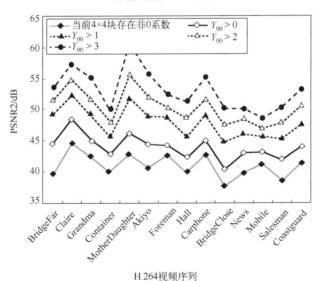

(b) 嵌入前后PSNR2

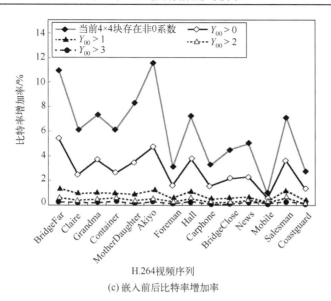

H.264视频序列

(c) 嵌入前后比特率增加率

图 4.18　无帧内失真漂移视频隐写算法嵌入性能

文献[18]的算法提高约 1.78dB。因此本算法无论从嵌入容量还是视觉效果来说，都要优于文献[17]的算法和文献[18]的算法。但是，在比特率增加率方面，本算法的平均值 3.61%和文献[17]的算法的平均值 3.9%大于文献[18]的算法的平均值 2.27%，这是因为本算法的嵌入容量以及对 DCT 系数的改动都相对增加了。

表 4.3　无帧内失真漂移视频隐写嵌入性能对照表

算法		文献[17]的算法	文献[18]的算法	本算法
算法类型(提取型/检测型)		检测型	检测型	提取型
Carphone	嵌入容量/(bit/帧)	507	500	806
	PSNR2/dB	38.32	41.24	42.9
	比特率增加率/%	4.38	3.28	3.24
Foreman	嵌入容量/(bit/帧)	591	597	735
	PSNR2/dB	37.28	40.18	42.72
	比特率增加率/%	4.62	2.64	3.16
Mobile	嵌入容量/(bit/帧)	1225	1219	910
	PSNR2/dB	34.20	37.22	41.12
	比特率增加率/%	2.17	0.68	0.88
Salesman	嵌入容量/(bit/帧)	736	750	936
	PSNR2/dB	36.69	39.57	38.58
	比特率增加率/%	4.43	2.49	7.17

2. 基于 DST 系数的 H.265/HEVC 无帧内失真漂移隐写算法性能测试与评价

基于 DST 系数的 H.265/HEVC 无帧内失真漂移隐写算法在 H.265/HEVC 帧内更多方向预测、灵活的块分割结构和新的 DST 变换等基础之上，提出了适用于 H.265/HEVC 压缩标准的视频隐写算法。该算法通过在多系数对理论的基础之上，结合预测模式的选择分类，通过奇偶性对量化后的 DST 系数进行嵌入调制，并相应修改补偿系数来达到完全控制帧内失真漂移的目的，具有较好的视觉效果和嵌入性能。

本算法在 H.265/HEVC 视频标准编解码软件 HM 16.0 上进行实验。H.265/HEVC 编码器使用固定量化步长 32 作为编码全 I 帧的量化参数，测试视频序列为 BasketballPass、Keiba、BlowingBubbles 等 20 个包含了不同纹理特征和动态性各异的标准测试视频，这些测试视频以 30 帧/s 的帧率被编码为 20 帧并且帧间隔为 1（即图像组（GOP）全为 I 帧序列），4×4 DST 系数块的选择阈值条件为存在非 0 系数、$Y_{00} > 0$、$Y_{00} > 1$、$Y_{00} > 2$、$Y_{00} > 3$ 五种条件。PSNR1 由未嵌入视频帧与原始视频帧比较计算而得；PSNR2 由嵌入视频帧与原始视频帧比较计算而得。这两种类型的峰值信噪比均为所有帧亮度峰值信噪比的平均值。"原始视频"表示嵌入之前的原始 H.265/HEVC 视频文件。同样地，SSIM1 由未嵌入视频帧与原始视频帧比较计算而得；SSIM2 由嵌入视频帧与原始视频帧比较计算而得。嵌入容量为 20 帧视频序列能够嵌入的最大比特信息之和。

1）视觉质量

为了比较基于 DST 系数的 H.265/HEVC 无帧内失真漂移隐写算法的视觉质量，表 4.4 给出了采用无帧内失真漂移的视频隐写算法和有帧内失真漂移的隐写算法相对应的 PSNR 值。4×4 DST 系数块的选择阈值条件为存在非 0 系数，其周边块的预测模式满足条件 4.4，多系数选择 HS 集合 (Y_{00}, Y_{20}, Y_{30})、(Y_{01}, Y_{21}, Y_{31})、(Y_{02}, Y_{22}, Y_{32})、(Y_{03}, Y_{23}, Y_{33})。这 10 个测试视频的平均 PSNR1 值为 40.49dB，采用基于 DST 系数的 H.265/HEVC 无帧内失真漂移隐写算法的 10 个测试视频在嵌入信息到系数 (Y_{00}, Y_{20}, Y_{30})、(Y_{01}, Y_{21}, Y_{31})、(Y_{02}, Y_{22}, Y_{32})、(Y_{03}, Y_{23}, Y_{33}) 后平均 PSNR2 值为 39.50dB，而有帧内失真漂移的隐写算法在嵌入信息到系数 Y_{00}、Y_{01}、Y_{02}、Y_{03} 后平均 PSNR2 值为 35.24dB。采用了基于 DST 系数的 H.265/HEVC 无帧内失真漂移隐写算法的 PSNR2 与 PSNR1 相差了 0.99dB，而有帧内失真漂移的视频隐写算法 PSNR2 与 PSNR1 相差了 5.25dB，由此可以看出无帧内失真漂移隐写算法在视觉质量方面更具有优势。

表 4.4　有无帧内失真漂移的 H.265/HEVC 视频隐写算法视觉质量比较

项目	无帧内失真漂移		有帧内失真漂移	
	PSNR1/dB	PSNR2/dB	PSNR1/dB	PSNR2/dB
BasketballPass 序列	35.48	35.25	35.48	33.25
Keiba 序列	34.74	34.40	34.74	28.57
BlowingBubbles 序列	40.58	38.88	40.58	34.91
BQSquare 序列	42.14	39.15	42.14	34.56
RaceHorses 序列	34.07	34.34	34.07	31.03
BQMall 序列	41.86	40.29	41.86	36.59
BasketballDrill 序列	41.61	39.75	41.61	35.27
KristenAndSara 序列	46.38	45.71	46.38	42.51
FourPeople 序列	44.23	43.59	44.23	35.93
ParkScene 序列	43.85	43.59	43.85	39.77
平均值	40.49	39.50	40.49	35.24

图 4.19 给出了测试视频序列 BasketballPass、BlowingBubbles、BQMall 和 BQSquare 在帧播放次序(picture order count，POC)为零时的视觉效果对比结果。其中，图 4.19(a)、图 4.19(d)、图 4.19(g)和图 4.19(j)是原始视频帧，图 4.19(b)、图 4.19(e)、图 4.19(h)和图 4.19(k)是采用了无帧内失真漂移隐写算法的嵌入视频帧，图 4.19(c)、图 4.19(f)、图 4.19(i)和图 4.19(l)是有帧内失真漂移的 DST 视频隐写算法嵌入视频帧。从图中明显可以看到，嵌入视频帧(图 4.19(c)、图 4.19(f)、图 4.19(i)和 图 4.19(l))失真明显。例如，对于图 4.19(c)，人的头部有明显的扭曲失真；对于图 4.19(f)，背景色彩明显偏白；对于图 4.19(i)，人的脸部有失真(偏白)；对于图 4.19(l)，右上角区域存在扭曲偏暗。而图 4.19(b)、图 4.19(e)、图 4.19(h)和 图 4.19(k)则具有良好的视觉效果，与原始视频帧基本一致。从效果来看，基

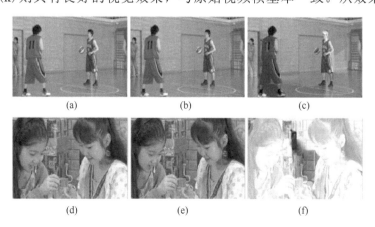

(a)　　　　　　　　　　　(b)　　　　　　　　　　　(c)

(d)　　　　　　　　　　　(e)　　　　　　　　　　　(f)

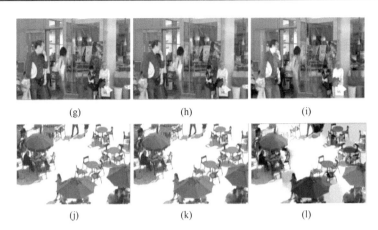

图 4.19　有无帧内失真漂移视频隐写算法视觉效果对比

于 DST 系数的无帧内失真漂移隐写算法有效地阻止了因嵌入误差所导致的失真漂移，取得了更好的视觉效果和隐写的不可感知性。

2）嵌入性能

表 4.5 给出了 BasketballPass、Keiba 等 15 个测试视频在嵌入 20 帧时使用预测模式条件 4.5 时的嵌入性能，其中平均嵌入容量为 28848bit，平均 PSNR1 值为 41.35dB，平均 PSNR2 值为 40.56dB，采用了无帧内失真漂移隐写算法后峰值信噪比的差值为 0.79dB，比特率增加率为 1.32%。从上述的实验结果也能看到基于 DST 系数的无帧内失真漂移隐写算法具有高的视觉质量、充分的嵌入容量和较低的码流比特率增加率。

表 4.5　基于 DST 系数的无帧内失真漂移 H.265/HEVC 视频隐写算法嵌入性能

项目	分辨率	PSNR1/dB	PSNR2/dB	嵌入容量/bit	比特率增加率/%
BasketballPass 序列	416×240	35.48	35.20	2144	1.50
Keiba 序列	416×240	34.74	34.62	1256	0.97
BQSquare 序列	416×240	42.14	39.71	6708	1.10
RaceHorses 序列	832×480	34.70	34.40	10092	1.36
BQMall 序列	832×480	41.86	41.11	16308	2.49
BasketballDrill 序列	832×480	41.61	41.11	4056	0.96
KristenAndSara 序列	1280×720	46.38	45.11	10028	2.39
FourPeople 序列	1280×720	44.23	43.41	9276	1.74
Johnny 序列	1280×720	46.57	45.72	5652	0.61
Cactus 序列	1920×1080	43.66	42.94	25156	1.16

续表

项目	分辨率	PSNR1/dB	PSNR2/dB	嵌入容量/bit	比特率增加率/%
BQTerrace 序列	1920×1080	35.57	35.26	67308	0.67
ParkScene 序列	1920×1080	43.85	43.21	20360	0.94
PeopleOnStreet 序列	2560×1600	42.88	42.25	53796	1.88
NebutaFestival 序列	2560×1600	43.15	41.24	166532	0.35
Traffic 序列	2560×1600	43.39	43.05	34045	1.69
平均值	—	41.35	40.56	28848	1.32

3）性能比较

基于 DST 系数的无帧内失真漂移隐写算法相比其他相关的隐写算法[19,20]具有更加优越的嵌入性能。图 4.20 描述了三种隐写算法与标准 H.265 的性能比较。对于相同的 6 个测试视频序列和在同样的嵌入容量下，测试的基于 DST 系数的无帧内失真漂移隐写算法在平均 PSNR2、SSIM2 和比特率增加率方面分别是 36.87dB、0.95 和 0.95%，文献[19]的隐写算法在平均 PSNR2、SSIM2 和比特率增加率方面分别是 35.07dB、0.941 和 2.58%，文献[20]的隐写算法在平均 PSNR2、SSIM2 和比特率增加率方面分别是 35.22dB、0.94 和 2.81%。从平均 PSNR2 和 SSIM2 性能上来说，基于 DST 系数的无帧内失真漂移隐写算法比文献[19]的隐写算法分别平均高 1.8dB 和 0.009，比文献[20]的隐写算法平均高 1.65dB 和 0.01。对于平均码流文件比特率增加率而言，基于 DST 系数的无帧内失真漂移隐写算法比文献[19]的隐写算法和文献[20]的隐写算法分别低 1.63%和 1.86%。可以看出，基于 DST 系数的无帧内失真漂移隐写算法因为完全阻隔了嵌入误差所引起的帧内失真漂移，相比相关隐写算法具有更高的嵌入性能。

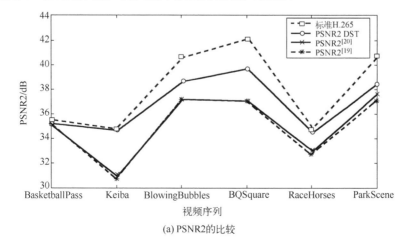

(a) PSNR2的比较

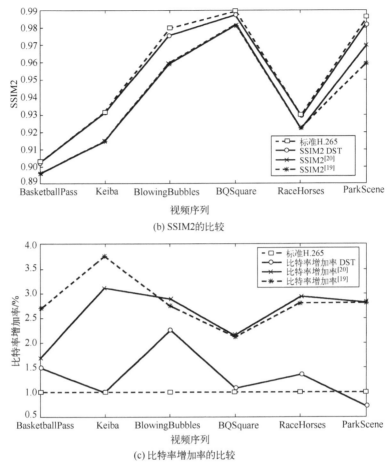

(b) SSIM2的比较

(c) 比特率增加率的比较

图 4.20　基于 DST 系数的无帧内失真漂移隐写算法与文献[19]和[20]
的隐写算法嵌入性能的比较

　　图 4.21 给出了无帧内失真漂移隐写算法与文献[14]所提方法的率失真（R-D）
性能比较结果。在比较过程中应用了两种不同分辨率的测试视频，分别为
BasketballPass 416×240 和 KristenAndSara 1280×720。无帧内失真漂移隐写算法预
测模式条件选择条件 4.5，多系数选择 HS 并采用了与文献[14]的算法相同的阈值
选择条件，11 种不同的码率用于测试两种算法的 R-D 性能。在图 4.21 中，曲线
H.265 和 H.264 分别代表使用标准 H.265/HEVC 和 H.264/AVC 压缩标准的 R-D 性
能，曲线 H.265 with data hiding 描述了基于 DST 系数的无帧内失真漂移隐写算法
的 R-D 性能，曲线 H.264 with data hiding 描述了文献[14]中基于 DCT 系数的
H.264/AVC 视频隐写算法的 R-D 性能。从图中可以看出，基于 DST 系数的无帧
内失真漂移隐写算法相比文献[14]的算法具有更好的 R-D 性能，并且对于高分辨

率视频（如 KristenAndSara 1280×720），R-D 性能的提升更加明显。

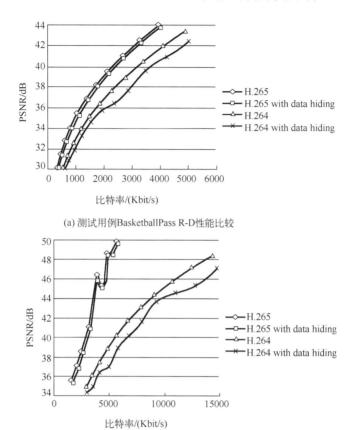

(a) 测试用例BasketballPass R-D 性能比较

(b) 测试用例KristenAndSara R-D 性能比较

图 4.21　基于 DST 系数的无帧内失真漂移隐写算法与文献[14]中所提方法的 R-D 性能比较

4.3　基于帧内预测模式的视频隐写技术

4.3.1　概述

基于帧内预测模式的视频隐写技术是视频隐写研究领域的重要组成部分，无论对于早期的 H.264/AVC 视频压缩标准还是 H.265/HEVC 视频压缩标准而言，预测模式作为帧内预测最重要的句法元素，为帧内像素的压缩预测提供了不可或缺的方向性指示作用。由于预测模式会被熵编码到视频码流文件中通过网络传递，对预测模式的修改能够有效地实现视频隐写，因此基于帧内预测模式的视频隐写已成为隐写研究的一个热点话题并逐步完善实现了高效的嵌入性能。基于帧内预测模式的视频隐写一般遵循图 4.22 所示的一般过程，即压缩后的视频码流文件历经熵解码等方式获取到每个预测块的预测模式等句法元素，与待嵌入的秘密信息通过某种映射规则实现嵌入，将含秘的预测模式重新熵编码封装到视频码流文件中实现网络上的传递。

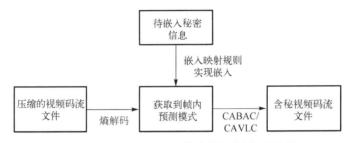

图 4.22　基于帧内预测模式的视频隐写过程

基于 H.264/AVC 压缩标准的帧内预测模式隐写算法层出不穷，其主流思想是建立起宏块的预测模式与秘密信息的特殊映射关系，最后基于映射规则修改当前宏块的最优预测模式，并将含秘预测模式重编码到视频码流文件中。H.264/ AVC 的预测模式包含两种，4×4 小块具有 9 种预测模式而 16×16 宏块具有 4 种预测模式，其具体的预测方向见图 4.5 和图 4.6。最佳的预测模式根据拉格朗日率失真优化模型来计算每一种预测模式的 R-D 代价，选择其中代价最小的预测模式为最佳预测模式。当前编码块根据最佳预测模式从参考像素中选择预测像素进行压缩或重构。H.265/HEVC 中摒弃了宏块的概念，选择使用三种基本单元：编码单元(CU)、预测单元(PU)和变换单元(TU)来更加灵活地进行编码、预测和变换等处理操作。H.265/HEVC 一部分采用了 H.264/AVC 的预测模式，另外还增加了其他的预测模式用于更加精确地预测像素和减少空间冗余度。H.265/HEVC 采用了拉格朗日率失真优化模型来从 35 种可能的预测模式中选择最佳的预测模式，选取具有最小 R-D 代价的作为最佳的预测模式，拉格朗日率失真优化模型可用下式进行描述：

$$\min J, J(o, r, \text{PredMode} \mid \text{QP}, \lambda_{\text{Mode}}) = D(o, r, \text{PredMode} \mid \text{QP})$$
$$+ \lambda_{\text{Mode}} \times R(o, r, \text{PredMode} \mid \text{QP})$$

其中，J 表示 R-D 代价；o 和 r 代表原始预测块和重构的预测块；QP 为量化参数；λ_{Mode} 为拉格朗日因子；D 和 R 分别指代当前预测块的失真度量和编码码率；PredMode 代表当前 PU 的预测模式。

基于预测模式进行视频隐写的研究已经有很多成熟的算法案例[21-27]。如前面所述，尽管这些隐写算法具体实现或侧重点各不相同，但作为相同点，这些算法不可避免地通过预先定义的映射规则，修改预测模式来达到嵌入秘密信息的目的。

由于秘密信息的嵌入作用于预测模式本身，但预测模式仅存在于帧内预测模式中（帧内预测不止发生在 I 帧，在 P 帧与 B 帧中部分编码块也会采用帧内预测，具体取决于各个模式拉格朗日率失真优化模型计算出的 R-D 代价），相对于整个网络上传递的视频序列而言，采用帧内预测的编码块所占的比例并不太高，因此此类算法面临嵌入容量受限的缺点。作为 H.264/AVC、H.265/HEVC 帧内预测的关键句法元素，以预测模式作为信息隐藏的嵌入载体，附以其他相关技术（如拉格朗日率失真优化模型、编码块或预测块尺寸分割等）依然可以实现高效率、高嵌入性能的视频隐写。由于两种视频压缩标准 H.264/AVC 和 H.265/HEVC 在帧内预测实现机制上并不完全相同，下面分别介绍基于 H.264/AVC 和 H.265/HEVC 的帧内预测模式视频隐写算法研究。

　　在基于 H.264/AVC 帧内预测模式的隐写算法中，Hu 等[21]基于 H.264/AVC 压缩过程中对于 4×4 亮度块的预测模式（I4-mode），提出了根据预先定义的秘密信息与 4×4 亮度块预测模式的映射规则，对于每一个 I4-mode 嵌入一位秘密信息的视频隐写算法，映射规则如图 4.23 所示，其中组 M 和组 N 根据预先定义的统计结果进行划分。与此同时，用于控制嵌入秘密信息速率的控制参数、嵌入强度等也嵌入视频码流中。因而在提取端，并不需要原始视频序列或

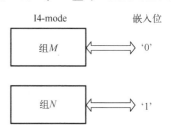

图 4.23　4×4 亮度块预测模式与秘密信息映射规则

者完全解码即可将嵌入的秘密信息提取出来，在一定程度上实现完全盲提取（即提取秘密信息不需要嵌入端的未嵌入秘密信息的原始视频）。Wang 等[22]通过在所有的编码帧中（包含 I 帧、P 帧和 B 帧）调整宏块的编码预测模式来嵌入信息。Xu 等[23]提出了一种利用调制 4×4 亮度块预测模式的方法进行视频隐写，根据预先定义的映射规则，如果当前 4×4 亮度块的最佳预测模式和待嵌入的秘密信息不匹配，那么从其他的预测模式中选取拉格朗日率失真优化 R-D 代价最小的预测模式（即次优预测模式）对最佳预测模式进行替换，以达到嵌入信息的目的。Yang 等[24]通过矩阵编码建立起帧内预测模式和待嵌入秘密信息的映射规则，可以达到每 3 个 4×4 亮度块嵌入 2 位秘密信息而只修改一次预测模式，通过尽可能少地修改预测模式来达到提高隐写算法嵌入性能的目的。Yin 等[25]在 Yang 等[24]的工作的基础上，利用嵌入/提取矩阵，达到了同时嵌入 3 位秘密信息而只修改一次 4×4 亮度块的预测模式。

　　基于 H.265/HEVC 帧内预测模式的隐写算法普遍上来说是在 H.264/AVC 帧内预测视频隐写算法的基础之上，针对 H.265/HEVC 采用新的预测单元划分结构和更多的方向角度预测模式，提出的适用于 H.265/HEVC 的视频隐写算法。

目前基于 H.265/HEVC 帧内预测模式的隐写算法并不多，基本也遵循"通过建立帧内预测块的预测模式与待嵌入秘密信息的映射关系来嵌入秘密信息"这一普遍规律，因此也有着嵌入容量受限的挑战和易于实现、适用性广等优点。文献[28]利用最优预测模式与次优预测模式的可能分布建立起预测模式与秘密信息之间的映射关系，根据映射关系修改预测模式实现信息的嵌入，此算法的优点在于在提取端只需要从码流中解码出预测模式即可实现秘密信息的提取。该算法的映射关系如图 4.24 所示，将预测模式预先划分为 11 个组，每组四个预测模式标识为 N_1、N_2、N_3、N_4，每一个标识符对应了相应的秘密信息。文献[29]针对 H.265/HEVC 的 33 种角度预测模式，建立起秘密信息与预测模式角度差值的映射关系，通过修改预测模式实现秘密信息的嵌入，在提取端只需要从视频码流中熵解码出预测模式即可实现秘密信息的提取。文献[30]利用编码块标准化数组来实现在连续的 4 个 4×4 亮度块中嵌入 3 位秘密信息而平均修改 1.25 个预测模式的目的。为了进一步减少码流比特率的增加和因嵌入导致的视觉质量下降，文献[31]嵌入 $\lfloor \log_2(N+1) \rfloor +1$ 个秘密信息到 N 个预测模式所形成的集合中，由于这 N 个预测模式最多只修改一位，因此该方法具有好的嵌入性能和强的抗隐写分析能力。

组	帧内预测模式
组 1	2,3,4,0
组 2	5,6,7,0
组 3	8,9,10,11
组 4	12,13,0,1
组 5	14,15,16,0
组 6	17,18,19,0
组 7	20,21,22,0
组 8	23,24,25,0
组 9	26,27,28,0
组 10	29,30,0,1
组 11	31,32,33,34

预测模式	秘密信息
N_1	00
N_2	01
N_3	10
N_4	11

图 4.24　基于最优和次优预测模式可能的分布建立预测模式与秘密信息映射规则

4.3.2　基于帧内预测模式的 H.264/AVC 视频隐写算法

如前面所述，基于帧内预测模式的视频隐写算法尽管种类繁多，侧重点和实现方式各不相同，但都遵循基本的嵌入过程，即通过预先定义的预测模式和秘密信息的映射规则，修改帧内预测模式来达到嵌入秘密信息的目的。本节以基于

H.264/AVC 的帧内预测模式视频隐写算法[21]为例阐述基于帧内预测模式的视频隐写算法。

文献[21]选择采用帧内预测模式的 4×4 亮度块作为秘密信息的嵌入载体。如前面所述，H.264/AVC 采用了帧内预测机制来压缩空间数据冗余。为了提高压缩效率，不同尺度块具有不同数量和方向的预测模式，其中 4×4 小块具有 9 种预测模式而 16×16 的宏块具有 4 种预测模式，如图 4.5 和图 4.6 所示。预测像素值由前面已编码过的 4×4 小块或宏块经过重构的参考像素与预测模式共同计算得来，如图 4.25 所示。

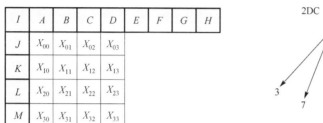

图 4.25 4×4 小块参考像素和预测模式的方向

在图 4.25 中，每一个 4×4 亮度块的预测像素 $X_{00} \sim X_{33}$ 由其周边带权重的参考像素 $A \sim M$ 和预测模式指明的预测方向计算而来，不同的预测模式对参考像素指明了不同的权重。例如，假设当前 4×4 亮度块的预测模式是 2DC，那么所有的预测像素均为 $(A+B+C+D+J+K+L+M)/8$。每一个 4×4 亮度块的预测模式 P_x 由率失真优化模型选择而来，从所有可能的预测模式中选取具有最小 R-D 代价的预测模式作为最佳预测模式 OPT_x，该最佳预测模式 OPT_x 即为当前 4×4 亮度块的预测模式 P_x。此外，为了更有效地压缩编码预测模式，H.264/AVC 采用了一种最可能模式(most probable mode，MPM)的技术，即利用当前 4×4 块周边块的预测模式来对当前 4×4 块的预测模式 P_x 进行预测的方式以进一步减少帧内预测模式这一句法元素的空间冗余。具体地，当前 4×4 亮度块的 MPM 由其上边邻块的预测模式 P_A 和左边邻块的预测模式 P_B 按下式计算得到：

$$\mathrm{MPM} = \min(P_A, P_B) \tag{4.11}$$

P_A 和 P_B 所属块与当前 4×4 亮度块的空间位置关系如图 4.26 所示。与此同时，H.264/AVC 使用标记位 F 来标记当前块的最佳预测模式 OPT_x 是否为 MPM，如果是，标记为 1；如果不是，则标记为 0，如下：

$$F = \begin{cases} 1, & \mathrm{OPT}_x = \mathrm{MPM} \\ 0, & \mathrm{OPT}_x \neq \mathrm{MPM} \end{cases} \tag{4.12}$$

图 4.26　MPM 中周边块和当前 4×4 的空间相对位置

文献[21]嵌入秘密信息 w 的载体并不是所有采用帧内预测模式的 4×4 亮度块，只把符合筛选条件的 4×4 亮度块作为候选的嵌入载体，根据帧内预测模式与待嵌入的秘密信息 w 之间的映射关系进行嵌入。下面我们根据筛选条件、映射规则和嵌入与提取过程三部分内容阐述文献[21]视频隐写算法的理论部分。

1. 筛选条件

候选的 4×4 亮度块应该满足以下两个条件。

(1)候选块标记位 F 应该满足 $F=0$。即候选的 4×4 亮度块最佳预测模式 OPT_x 不等于 MPM，这是因为 4×4 亮度块标记位 F 的分布与视频内容纹理特征密切相关，如果当前块所处的区域视频内容具有更多的细节特征，标记位 F 基本都为 0；反之，如果区域视频内容相对平滑、无剧烈变化，标记位 F 基本都为 1。出于对视频隐写安全性的考虑，嵌入秘密信息在具有更多细节特征的区域，人眼更不易于察觉。因而选择标记位 $F=0$ 的 4×4 亮度块，可能的候选预测模式具有 9 种。

(2)候选 4×4 亮度块应该属于嵌入强度 β 所规定的区域。嵌入强度 $\beta(0 \leqslant \beta \leqslant 7)$ 嵌入在前 3 个标记位 $F=0$ 的 4×4 亮度块中，从第 4 个开始，$\beta+1$ 个标记位 $F=0$ 的 4×4 亮度块用于嵌入秘密信息。

2. 映射规则

映射规则如图 4.27 所示，对于符合筛选条件的 4×4 亮度块而言，总共有 9 种预测模式(Mode 0~Mode 8)可用于嵌入调制。这 9 种预测模式划分为两组(M 和 N)分别对应秘密信息"0"和"1"。

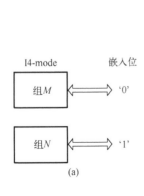

(a)

MPM	候选模式	
	组 M (映射0)	组 N (映射1)
Mode 0	1, 2, 3, 4	5, 6, 7, 8
Mode 1	0, 3, 4, 8	2, 5, 6, 7
Mode 2	0, 3, 4, 8	1, 5, 6, 7
Mode 3	0, 5, 6, 8	1, 2, 4, 7
Mode 4	0, 3, 6, 8	1, 2, 5, 7
Mode 5	0, 3, 6, 8	1, 2, 4, 7
Mode 6	0, 3, 4, 8	1, 2, 5, 7
Mode 7	0, 5, 6, 8	1, 2, 3, 4
Mode 8	0, 1, 3, 4	2, 5, 6, 7

(b)

图 4.27　映射规则

为了减少因修改预测模式引起的嵌入误差，应当遵循以下原则：当前 4×4 亮度块的原始最优预测模式 OPT_x 与嵌入信息后的最优预测模式 OPT_x^* 应当尽可能逼近。因此当前 4×4 亮度块的预测模式 OPT_x 需要修改时，应保证修改信息后的最优预测模式 OPT_x^* 与 OPT_x 处于不同的分组中。

上述 9 种预测模式（Mode 0～Mode 8）总共有 35 种 M 和 N 的分组模式。如前面所述，最优的分组模式应该使 OPT_x^* 与 OPT_x 处于不同的分组中的概率最大。基于这种考虑，表 4.6 给出了在每一个 MPM 模式下所有分组模式的联合概率分布。每一个 MPM $= p$ 模式下最优的分组模式由下式计算得到：

$$k_p = \min\left\{\sum_{i,j=1}^{4} p(m_{pki}, m_{pkj}) + \sum_{i,j=1}^{4} p(n_{pki}, n_{pkj})\right\} \tag{4.13}$$

其中，k_p 表示最优的分组模式；m_{pki} 表示在组 M 中第 k 组分组模式下第 i 个预测模式；n_{pki} 表示在组 N 中第 k 组分组模式下第 i 个预测模式；$p(m_1, m_2)$ 表示 OPT_x 和 OPT_x^* 分别是 m_1 和 m_2 的联合概率。由于邻近方向的预测模式具有相似的预测性能，因此具有邻近方向的预测模式应该处于不同的分组内，图 4.27(b) 所示的分组模式恰好满足这种条件限制。

表 4.6　每一个 MPM 模式下所有分组的联合概率分布

模式		OPT$_x^*$								
		Mode 0	Mode 1	Mode 2	Mode 3	Mode 4	Mode 5	Mode 6	Mode 7	Mode 8
OPT$_x$	Mode 0	0	0.0432	0.0418	0.0218	0.0083	0.0238	0.0051	0.0290	0.0193
	Mode 1	0.0262	0	0.0428	0.0078	0.0089	0.0049	0.0301	0.0089	0.0903
	Mode 2	0.0326	0.0153	0	0.0085	0.0116	0.0096	0.0100	0.0103	0.0431
	Mode 3	0.0062	0.0038	0.0072	0	0.0023	0.0021	0.0025	0.0202	0.0084
	Mode 4	0.0052	0.0049	0.0088	0.0039	0	0.0221	0.0244	0.0034	0.0085
	Mode 5	0.0185	0.0044	0.0109	0.0036	0.0210	0	0.0030	0.0044	0.0048
	Mode 6	0.0035	0.0153	0.0092	0.0030	0.0242	0.0037	0	0.0038	0.0111
	Mode 7	0.0158	0.0033	0.0081	0.0185	0.0020	0.0055	0.0035	0	0.0075
	Mode 8	0.0065	0.0378	0.0244	0.0113	0.0057	0.0024	0.0117	0.0082	0

3. 嵌入与提取过程

1）嵌入过程

首先获取当前 4×4 亮度块的 OPT_x 和 MPM；然后判别当前 4×4 亮度块是否符合筛选条件，若不符合则跳过对当前块的嵌入；接着秘密信息二值化后得到当前待嵌入的秘密信息 w；最后依据映射规则和 w 修改当前块的预测模式 P_x，如果 P_x

所属的组与 w 符合映射规则，则对当前 4×4 亮度块不做修改，如果 P_x 所属的组与 w 不符合映射规则，则从秘密信息 w 所属的组内选取具有最小 R-D 代价的预测模式 OPT_x^* 作为嵌入秘密信息后的当前块预测模式，即 $P_x = \mathrm{OPT}_x^*$。

　　2）提取过程

　　提取过程不需要参考原始视频，也不需要完全解码视频后进行提取，只需要从码流中解码出预测模式即可完成秘密信息的提取。首先获取当前 4×4 亮度块的标记位 F；然后通过先前解码的邻近 4×4 亮度块计算出当前块的 MPM；接着判别当前 4×4 亮度块是否符合提取所定义的筛选条件，若不符合则跳过对当前块的提取，若符合筛选条件，则先依据 MPM 和相关句法元素计算得到当前亮度块的预测模式 OPT_x，再依据映射规则提取出相应的秘密信息 w。

4.3.3　性能测试与评价

　　本算法在 H.264/AVC 视频标准编解码软件 JM 11.0 上进行实验，编码了 199 帧的 QCIF 格式测试视频序列 Silent、Grandma、BridgeClose 和 News；视频编码参数包含编码帧率为 30 帧/s，GOP 结构为 IBPBPBPBPB，量化参数为 28，嵌入强度 $\beta = 7$。使用了嵌入位数量（hidden bit quantity，HBQ，即嵌入容量）、比特率增加率（BRI）、亮度分量峰值信噪比增加量（PSNR increase，PSNRI）三个嵌入性能指标。其中，BRI 表示嵌入视频码流比特率相对于原始视频码流比特率的增加率，PSNRI 由嵌入视频帧与原始视频帧比较计算得到。

　　基于 H.264/AVC 的帧内预测模式视频隐写算法[21]嵌入性能如表 4.7 所示，随着嵌入强度 β 从 0 到 7 依次增加，平均嵌入容量从 1778bit 到 12860bit 逐步递增，平均比特率增加率也从 0.26% 到 3.50% 逐步增加，嵌入秘密信息后的亮度分量 PSNR 差值（PSNRI）相比于原始未嵌入秘密信息的 PSNRI 出现−0.08～0.04dB 小范围的波动，可以看出该隐写算法保持了视频载体的高视觉质量和不可察觉性。图 4.28 提供了测试视频 Grandma 编码的第 5 个原始 I 帧和采用本隐写算法的嵌入帧的视觉效果对比，可以看出两个对比帧没有明显的改变，即基于 H.264/AVC 的帧内预测模式视频隐写算法[21]具有较高的视觉质量、较好的嵌入容量和较小的比特率增加率。

表 4.7　基于 H.264/AVC 的帧内预测模式视频隐写算法嵌入性能

β	Silent			Grandma		
	HBQ/bit	BRI/%	PSNRI/dB	HBQ/bit	BRI/%	PSNRI/dB
0	2321	0.07	0.01	1848	0.21	−0.02
1	4510	1.09	0	3520	0.59	−0.03
2	6648	1.77	0.02	5208	1.31	−0.03

续表

β	Silent			Grandma		
	HBQ/bit	BRI/%	PSNRI/dB	HBQ/bit	BRI/%	PSNRI/dB
3	9000	2.23	0.03	6834	1.78	−0.03
4	11161	2.64	0	8415	2.30	−0.04
5	13342	3.18	−0.01	9956	2.77	−0.07
6	15561	3.90	0.04	11130	3.31	−0.06
7	17368	4.14	−0.02	12352	3.72	−0.08
β	BridgeClose			News		
	HBQ/bit	BRI/%	PSNRI/dB	HBQ/bit	BRI/%	PSNRI/dB
0	1697	0.51	0	1246	0.25	0.01
1	3368	0.77	0	2470	0.83	0.02
2	5088	1.44	−0.01	3748	1.12	0.03
3	6616	1.50	−0.04	4920	1.48	0.03
4	7918	1.77	−0.03	6303	2.15	0.02
5	9288	1.97	−0.03	7530	2.53	0.03
6	10566	2.81	−0.02	8844	2.96	0.01
7	11748	2.90	−0.04	9972	3.23	−0.01

(a) 原始视频帧　　　　　　　　　　　　　(b) 嵌入视频帧

图 4.28　在 $\beta = 7$ 时测试视频 Grandma 视觉效果对比图

4.4　基于运动矢量的视频隐写技术

4.4.1　概述

运动矢量是视频压缩的一个最重要、最基本的句法元素,作为帧间预测最重要的句法元素会被压缩编码进视频码流文件中,因其可以作为视频隐写的一个重要载体，是视频隐写领域的一个研究热点。运动矢量主要用于帧间预测模式中的运动估计过程，运动估计主要用于减少视频序列帧与帧间的时间冗余，其主要的功能是在当前视频帧的邻近一帧或多帧中寻找与当前编码块最接近、最相匹配的区域用于预测当前编码块像素数据。为了找到最匹配的区域，一般通过三条匹配准则来实现运动估计搜索，分别是均方值误差(mean square error，MSE)、绝对误差和(sum of absolute difference，SAD)、绝对差均值(mean absolute difference，MAD)，其定义如下：

$$MSE = \frac{1}{s^2}\sum_{i=0}^{s-1}\sum_{j=0}^{s-1}(Cu_{ij} - Rf_{ij}) \tag{4.14}$$

$$SAD = \sum_{i=0}^{s-1}\sum_{j=0}^{s-1}\left|Cu_{ij} - Rf_{ij}\right| \tag{4.15}$$

$$MAD = \frac{1}{s^2}\sum_{i=0}^{s-1}\sum_{j=0}^{s-1}\left|Cu_{ij} - Rf_{ij}\right| \tag{4.16}$$

其中，s 为预测块的尺寸；Cu 和 Rf 分别为当前预测块和搜索的预测参考块。通过这三条匹配准则可以在参考帧中搜索到具有最小代价的最佳匹配块，进而计算出适合当前预测块的运动矢量。为了进一步提高运动矢量的压缩效率，运动矢量利用了邻近块运动矢量的空间及时间相关性。由于运动矢量在压缩过程中被写入压缩码流中，为视频隐写载体提供了良好的天然优势，因此基于运动矢量的视频隐写算法层出不穷，这类算法主要利用运动矢量的水平分量[32]、垂直分量，运动矢量的幅值信息[33]、运动方向、相位角[34,35]以及其他相关特征[36,37]等进行秘密信息的嵌入。下面详细介绍此类视频隐写算法。

基于运动矢量的视频隐写技术通过直接或间接地修改运动估计过程或运动矢量来嵌入秘密信息，主要通过建立起当前预测块的运动矢量和秘密信息的映射关系，根据映射关系修改运动矢量的幅值或相位角等方式实现秘密信息的嵌入。文献[34]基于运动矢量嵌入秘密信息到 B 帧和 P 帧中，通过选择具有高幅值的运动矢量嵌入秘密信息以保证秘密信息嵌入运动剧烈的复杂区域，从而提高视频隐写的不可感知性。根据当前预测块运动矢量的水平分量 MV_h 和垂直分量 MV_v 计算运动矢量的相位角，相位角 θ 的计算如下：

$$\theta = \arctan\left(\frac{MV_v}{MV_h}\right) \tag{4.17}$$

对于相位角比较陡峭的运动矢量，选择水平分量进行秘密信息的嵌入。该算法的优势是具有较高的不可感知性和抵御视频处理攻击的鲁棒性，缺点是嵌入容量有限和抗隐写分析能力较弱。文献[35]提出了一种利用线性块编码和运动矢量进行视频隐写的算法。该算法利用运动矢量的相位角进行嵌入并采用线性编码(6,2)来降低运动矢量修改率，克服了文献[34]的算法嵌入容量低的缺点，基本上 2/3 数量的运动矢量能用于嵌入，缺点是对视频处理攻击的鲁棒性能未做考虑。文献[38]基于 H.264/AVC 提出了一种利用运动矢量差值(motion vector difference，MVD)进行嵌入的高嵌入容量算法，该算法利用亮度通道的宏块运动矢量进行嵌入，每一个运动矢量嵌入一位秘密信息，因而该算法在保证视频质量平均 PSNR 达到 36dB 的前提下具有极高的嵌入容量，但该算法对于视频载体的视觉质量性能方面并不突出。文献[39]提出了利用运动矢量的水平分量和垂直分量的奇偶性来嵌入秘密信息的方法。文献[32]提出了基于预测误差的视频隐写算法，该隐写算法利用 I 帧作为参考帧，嵌入秘密信息到 B 帧和 P 帧的运动矢量水平分量中。为了提高算法的嵌入性能，该算法对每一帧使用了预测误差阈值，用于在解码端对包含秘密信息的运动矢量进行识别和提取。该算法的优点是使用了贪婪搜索方法用于可嵌入运动矢量的选取，因而具有较好的鲁棒性，但嵌入容量较小。

除了利用预测块运动矢量的视频隐写算法外，还有针对运动估计过程的视频隐写算法。文献[40]和[41]通过将运动估计的搜索点划分为两类，分别映射秘密信息的 "0" 和 "1"，并将秘密信息嵌入 1/4 像素精度运动搜索过程来实现高嵌入性能的隐写。文献[37]通过小幅度扰动估计过程，嵌入秘密信息到运动矢量的残差值中，为了减小嵌入信息，使用双层编码结构来最小化运动估计的扰动。文献[42]提出了一种基于局部最优化运动矢量的视频隐写方法，其具体实施过程是首先指定一个由候选运动矢量组成的搜索区域；然后评估搜索区域内各运动矢量的局部最优性，找出所有的局部最优运动矢量；最后从中选择对视频压缩效率影响最小的运动矢量作为嵌入秘密信息后的修正运动矢量。该算法的优势是具有良好的抗隐写分析能力。文献[33]提出了一种高效的基于 H.265/ HEVC 运动矢量的视频隐写算法，通过建立起运动矢量集合与运动矢量空间点的映射关系来嵌入信息。为了提高视频隐写的不可感知性，选择将一个 CTU 内部具有最小尺寸的 PU 所形成的运动矢量集合作为秘密信息嵌入的载体。为了提高视频隐写的嵌入性能，该算法通过构建运动矢量集形成的矢量空间来实现嵌入多位秘密信息而最多只修改集合中一个运动矢量，因而该算法具有高效的嵌入性能和前沿性。下面我们以基于运动矢量的 H.265/HEVC 视频隐写算法[33]为例介绍基于运动矢量的视频隐写算法。

4.4.2　基于运动矢量的 H.265/HEVC 视频隐写算法

如前面所述，基于运动矢量的 H.265/HEVC 视频隐写算法主要通过直接或间接地修改运动估计过程或运动矢量来实现秘密信息的嵌入。下面分别介绍 H.265/HEVC 块分割和运动估计、运动矢量空间编码、嵌入与提取过程三个重要组成部分。

1. H.265/HEVC 块分割和运动估计

相比 H.264/AVC 使用固定尺寸的宏块编码结构，H.265/HEVC 采用了一种混合了 CTU、CU、PU 和 TU 的灵活四叉树块编码结构来划分和处理视频原始像素数据。CTU 类似于 H.264/AVC 的宏块结构，是最大的编码处理单元。为了处理包含复杂纹理特征的区域，每一个 CTU 又可以划分为若干个 CU 结构，CU 是编码处理的基本单元。当进行帧内或帧间预测时，每一个 CU 又可以划分为多个 PU，当进行变换和量化操作时，每一个 CU 也可以划分为多个 TU，其中 CTU 到 CU 的划分、CU 到 TU 的划分均属于四叉树分割结构。图 4.29 显示了测试视频 BasketballPass 左上角第一个 64×64 的 CTU 划分为 CU、CU 划分为 TU 的分割示例和四叉树结构。

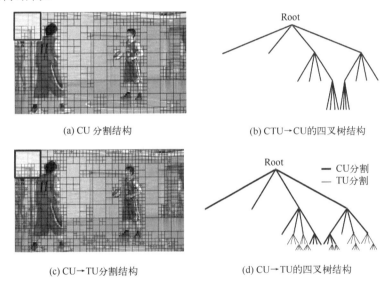

(a) CU 分割结构　　　　　　　　(b) CTU→CU的四叉树结构

(c) CU→TU分割结构　　　　　　(d) CU→TU的四叉树结构

图 4.29　BasketballPass 第一个 CTU 划分为 CU、TU 的示例和四叉树结构

对于 CU 到 PU 的划分，首先在 CU 层级确定当前编码块是采用帧内预测还是帧间预测；再根据预测模式的类型，将 CU 进一步划分为多个 PU。如图 4.30 所示，在帧间预测模式下，CU 到 PU 的分割可分为两类，一类是对称分割（$N×N$、$(N/2)×(N/2)$、$(N/2)×N$、$N×(N/2)$），另一类是非对称分割（$(N/4)×N$、$(3N/4)×N$、$N×(N/4)$、$N×(3N/4)$）。每一个 PU 都会独立地进行后续的运动估计和运动补偿过程，即每一个 PU 都有对应的运动矢量。

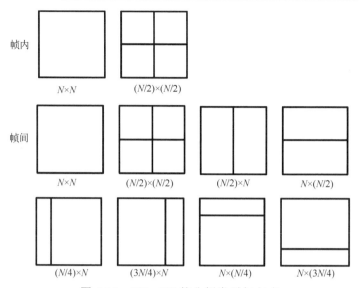

图 4.30　CU→PU 的分割类型与方式

　　为了进一步减少视频帧间的时间冗余、提高压缩效率，运动估计和运动补偿在视频压缩尤其是帧间预测方面广泛使用。运动估计从整体上来说是将视频帧划分为多个互不重叠的块，当压缩编码当前块时，从前面已编码的参考帧中寻找与当前块最接近、最匹配的近似块，匹配到的近似块与当前块的位移被称为运动矢量。如图 4.31 所示，运动矢量 $d = (x, y)$，其中 x 为运动矢量的水平分量，y 为运动矢量的垂直分量。假设当前块的位置坐标为 (i, j)，匹配块的像素值为 $f_r(i, j)$，那么由运动矢量 $d = (x, y)$ 可以得到当前块的预测像素值为 $f_r(i + x, j + y)$。在实际编码运动矢量时，压缩到码流中的是运动矢量 $d = (x, y)$ 和预测的运动矢量 d_p 的差值，预测的运动矢量 d_p 由当前 PU 的同位块决定。考虑到物体间的运动并不一定是整像素，为了进一步提高运动估计的精度，与 H.264/AVC 一样，半像素和 1/4 像素插值也被应用到 H.265/HEVC 的运动估计过程中。运动估计过程中每一个 PU 所产生的运动矢量(MV)为视频隐写算法提供了充足的可嵌入空间。

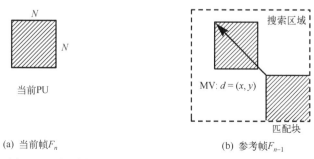

(a) 当前帧 F_n 　　　　　　　　　　(b) 参考帧 F_{n-1}

图 4.31　运动矢量为当前 PU 和匹配块之间的位移

2. 运动矢量空间编码

构建运动矢量空间的目的是利用多个运动矢量所组成的多维空间进行秘密信息的嵌入，以牺牲视频隐写的嵌入容量为代价，尽可能地减少对运动矢量的修改，从而达到提高视频隐写视觉质量、减少嵌入误差的目的。下面详细介绍运动矢量空间编码构建的详细过程。

假设一个 CTU 内部采用帧间预测模式的 PU 共有 m 个运动矢量，每一个运动矢量包含水平分量 h 和垂直分量 v，记作 $d_i = (h_i, v_i), i \in \{1, 2, \cdots, m\}$，我们可以得到当前 CTU 内部由运动矢量构建的这样一个集合 $\mathrm{MV} = (h_1, v_1, h_2, v_2, \cdots, h_m, v_m)$，从集合 MV 中我们挑选出 $N(N \leqslant 2m)$ 个运动矢量构成 N 维元组 $C = (c_1, c_2, \cdots, c_N)$，从 N 维元组 C 中构造模值为 $2N+1$ 的 N 维元组 τ，$\tau = (x_1, x_2, \cdots, x_i, \cdots, x_N)$。$\tau$ 的每一个元素 x_i 按下式计算：

$$x_i = \begin{cases} c_i \bmod (2N+1), & c_i \geqslant 0 \\ (c_i \bmod (2N+1) + 2N+1) \bmod (2N+1), & c_i < 0 \end{cases} \tag{4.18}$$

基于 N 维元组 τ 可以构建一个由运动矢量构建的 N 维空间 Γ，其中 τ 的每一个元素 x_i 均为 N 维空间 Γ 中第 i 维的一个坐标，N 维元组 $\tau = (x_1, x_2, \cdots, x_i, \cdots, x_N)$ 是 N 维运动矢量空间 Γ 的一个点，N 维运动矢量空间每一个维度坐标拥有 $2N+1$ 个点，范围是 $\{0, 1, 2, \cdots, 2N\}$，所有 N 维运动矢量空间的点可以构建一个 N 维空间点阵。对 N 维空间点阵定义映射 $f(x_1, x_2, \cdots, x_i, \cdots, x_N)$ 如下：

$$f(x_1) = x_1 \bmod (2N+1)$$

$$f(x_1, x_2) = (f(x_1) + 2x_2) \bmod (2N+1)$$

$$\vdots$$

$$f(x_1, x_2, \cdots, x_N) = (f(x_1, x_2, \cdots, x_{N-1}) + Nx_N) \bmod (2N+1)$$

上述对 N 维运动矢量空间 Γ 的每个点的映射称为运动矢量空间编码（或 N 维空间点阵的构建），图 4.32 显示了当 $N = 3$ 时运动矢量空间编码的过程。如图 4.32 所示，当 $N = 3$ 时，N 维运动矢量空间每一个维度的坐标范围为 $\{0, 1, 2, 3, 4, 5, 6\}$。根据一维空间坐标的范围，我们可以得到一维空间点阵如图 4.32(a) 所示，然后根据上述映射公式 $f(x_1, x_2)$ 得到二维空间点阵如图 4.32(b) 所示，调用映射 $f(x_1, x_2, x_3)$，我们可以得到三维空间点阵如图 4.32(c) 所示，例如，对于运动矢量空间坐标点 $(3, 2, 1)$，根据映射关系 $f(x_1, x_2, x_3) = (f(x_1, x_2) + 3x_3) \bmod (2 \times 3 + 1)$ 计算出空间点阵该点的值应该为 $(3 \bmod 7 + 2 \times 2 \bmod 7 + 3 \times 1) \bmod 7 = 3$，如图 4.32(c) 中阴影部分。$N$ 维空间点阵的每一个点的值域属于 $(0, 2N+1)$ 范围，在构建 N 维空间点阵时，映射关系为 $f(x_1, x_2, \cdots, x_N) = (x_1 + 2x_2 + \cdots + Nx_n)\bmod(2N+1)$（该结论的详细证明过程可以参考文献[33]相关部分）。

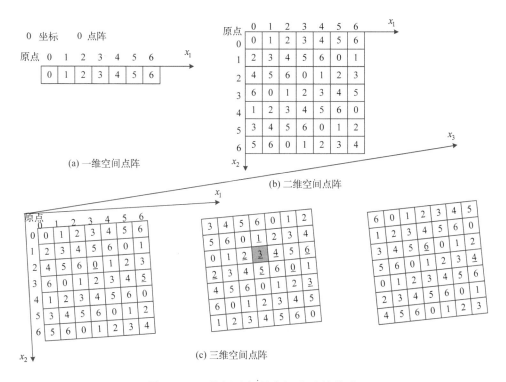

图 4.32　N 维运动矢量空间点阵的构建

N 维空间点阵为我们高效地嵌入秘密信息提供了操作空间，在 N 维空间点阵中，每一个点的值和其周边所有邻近点的值都两两不相同，并且这个点和其周边的所有邻近点的值恰好构成一个连续的 $2N+1$ 个整数的集合，即 $\{0, 1, 2, \cdots, 2N\}$。如图 4.32(c) 所示，对于运动矢量空间 $\varGamma$ 的一个坐标点 $(3, 2, 1)$，该坐标点的映射值为 3，其邻近点 $(3, 1, 1)$、$(2, 2, 1)$、$(3, 3, 1)$、$(4, 2, 1)$、$(3, 2, 0)$、$(3, 2, 3)$ 的映射值分别是 1、2、5、4、0、6，恰好满足上述描述的特征。在 N 维空间点阵中，每一个点的值和其周边所有邻近点的值构成的集合 $\{0, 1, 2, \cdots, 2N\}$ 恰好与 $\log_2(2N+1)$ 个秘密信息所构成的所有排列组合形成一个一一对应的映射关系，因此在嵌入秘密信息时，一个 CTU 可以嵌入 $\log_2(2N+1)$ 位二进制秘密信息而只需要修改一个运动矢量，大幅度地减少了由嵌入秘密信息所导致的嵌入误差给视频载体视觉质量和压缩码率带来的影响。

3. 嵌入与提取过程

为了提高该隐写算法的嵌入性能，我们选择 PU 的运动矢量来构建 N 维空间点阵以嵌入秘密信息，并利用嵌入强度控制嵌入容量的大小。

1) 嵌入过程

为了保证视频隐写的安全性，当前 CTU 是否嵌入信息由嵌入强度 ε 决定。嵌入强度 ε 是一个属于 (0,1) 的小数。例如，如果 $\varepsilon = 0.5$，那么当前 CTU 有 50%的概率用于嵌入秘密信息。同时在嵌入端，对于每一个 CTU 产生一个范围为 (0,1) 的随机数 δ，如果 $\delta < \varepsilon$，那么当前的 CTU 用作嵌入秘密信息，反之跳过当前 CTU。为了保证提取端可以顺利地提取秘密信息，随机数 δ 的随机种子应该在嵌入端和提取端保持一致。

如果一个 CTU 被选作秘密信息的嵌入载体，那么 N 维运动矢量空间 Γ 的维度 N 由随机数 δ 预先确定，统计在当前 CTU 内部除合并 (merge) 模式和跳跃 (skip) 模式外的 PU 的数量，如果该数量大于等于 $N/2$，那么选取其中具有最小尺寸的 $N/2$ 个 PU 的运动矢量用作嵌入秘密信息，反之则跳过当前 CTU。选取最小尺寸 PU 的运动矢量进行秘密信息嵌入可以进一步提高视频隐写的安全性，因为嵌入信息到纹理特征复杂的区域增强了视频隐写的不可感知性。

根据选取的具有最小尺寸的 $N/2$ 个 PU 的运动矢量的水平分量和垂直分量，可以构造出 N 维元组 $C = (c_1, c_2, \cdots, c_N)$，这个 N 维元组 C 可以进一步转换为 N 维运动矢量空间 Γ 的一个坐标 $\tau = (x_1, x_2, \cdots, x_i, \cdots, x_N)$。依据上述的 N 维空间点阵定义映射计算，可以计算出该坐标点 τ 的映射值 $D = f(x_1, x_2, \cdots, x_i, \cdots, x_N)$，并且 $f(x_1, x_2, \cdots, x_i, \cdots, x_N) \in \{0, 1, \cdots, 2N\}$，实现从运动矢量元组 C 到 N 维空间点阵值 D 的转化。求得 N 维空间点阵值 D 的目的是在嵌入 $\log_2(2N+1)$ 位秘密信息的时候最多只修改 N 维运动矢量元组 C 的一个元素，达到最小化地修改帧间运动矢量以提高视频载体的视觉质量和编码效率的目的。图 4.33 描述了 N 维元组 C 选取的一个实例。假设当前 CTU 预先定义的 N 值为 8，那么存在 4 个最小尺寸的 PU，如图 4.33 中标识为 10、11、13、15 的四个 PU 的运动矢量为 $d_1 = (h_1, v_1)$、$d_2 = (h_2, v_2)$、$d_3 = (h_3, v_3)$、$d_4 = (h_4, v_4)$。这四个运动矢量的水平分量和垂直分量可以继续构成 N 维元组 $C = (h_1, v_1, h_2, v_2, h_3, v_3, h_4, v_4) = (c_1, c_2, c_3, c_4, c_5, c_6, c_7, c_8)$。因此根据构成的 N 维元组 C 可以映射到 N 维运动矢量空间 Γ 中的一个点，从而实现 $\lfloor \log_2(2N+1) = \log_2(2 \times 8 + 1) \rfloor = 4$ 位秘密信息的嵌入。

秘密信息的嵌入过程实质上是将 N 维运动矢量元组 C 所表示的在 N 维运动矢量空间 Γ 中的坐标点映射值等于 $\log_2(2N+1)$ 位秘密信息所组成的数值的过程。假设 $l = \log_2(2N+1)$，从二值化的秘密信息中选取 l 位秘密信息 $S = (s_1, s_2, \cdots, s_l)$，那么这 l 位秘密信息所组成的数值 F 可按下式进行计算：

$$F = \sum_{i=1}^{l} s_i \times 2^{i-1} \tag{4.19}$$

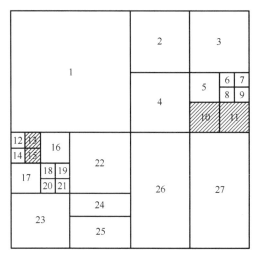

图 4.33　N 维元组 C 的选取

如果 N 维运动矢量元组 $C = (c_1, c_2, c_3, c_4, c_5, c_6, c_7, c_8)$ 在 N 维运动矢量空间 Γ 中的映射值 $D = F$，那么不对任何运动矢量做修改即完成了秘密信息的嵌入。如果 $D \neq F$，那么依次对 N 维运动矢量元组 C 中的每一个元素做加 1 或减 1 的操作，直到修改后的映射值 $D' = F$ 为止，整个嵌入过程示例如图 4.34 所示，假设当前 CTU 被选作嵌入秘密信息，且 $N = 8$，那么该 CTU 可嵌入的秘密信息个数为 $l = \lfloor \log_2(2N+1) = \log_2(2 \times 8 + 1) \rfloor = 4$ 位，假设待嵌入 4 位的秘密信息是 $S = (1,1,0,0)$，则 $F = \sum_{i=1}^{4} s_i \times 2^{i-1} = 12$。所选择的 4 个最小尺寸的 PU 在图中标识为 2、3、4、5，其运动矢量分别为 $d_2 = (-1,-2), d_3 = (30,16), d_4 = (0,0), d_5 = (11,19)$。那么由这 4 个运动矢量可以构建 N 维运动矢量元组 $C = (-1,-2,30,16,0,0,11,19)$，从 N 维元组 C 中转换为模值为 $2N+1$ 的 N 维元组 τ，$\tau = (16,15,13,16,0,0,11,2)$。按照 8 维运动矢量空间的映射关系 $f(16,15,\cdots,2) = 4$，通过遍历发现，只有当 $\tau' = (16,15,13,16,0,0,11,3)$ 时，其对应的 8 维运动矢量空间点的映射值为 12，因此嵌入秘密信息后的 N 维运动矢量元组 $C' = (-1,-2,30,16,0,0,11,20)$，转换为 4 个运动矢量为 $d_2 = (-1,-2), d_3 = (30,16), d_4 = (0,0), d_5 = (11,20)$。由于修改了一个运动矢量分量 $(d_5 = (11,19) \to d_5 = (11,20))$ 就嵌入了 4 位秘密信息，因此该算法的嵌入修改幅度是很小的。

2）提取过程

秘密信息的提取过程是嵌入过程的一个逆过程，根据从码流文件中获取的运

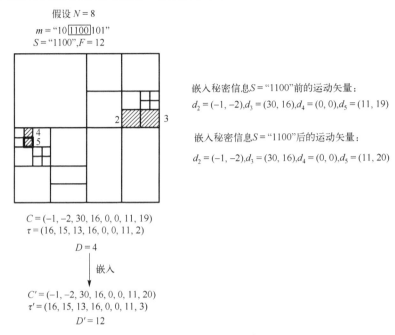

假设 $N = 8$

$m = $ "10 1100 101"

$S = $ "1100", $F = 12$

嵌入秘密信息 $S = $ "1100" 前的运动矢量：

$d_2 = (-1, -2), d_3 = (30, 16), d_4 = (0, 0), d_5 = (11, 19)$

嵌入秘密信息 $S = $ "1100" 后的运动矢量：

$d_2 = (-1, -2), d_3 = (30, 16), d_4 = (0, 0), d_5 = (11, 20)$

$C = (-1, -2, 30, 16, 0, 0, 11, 19)$
$\tau = (16, 15, 13, 16, 0, 0, 11, 2)$

$D = 4$

嵌入

$C' = (-1, -2, 30, 16, 0, 0, 11, 20)$
$\tau' = (16, 15, 13, 16, 0, 0, 11, 3)$
$D' = 12$

图 4.34　嵌入过程示例

动矢量，重新构建 N 维运动矢量空间点的映射值来实现秘密信息的提取。首先我们需要根据嵌入强度 ε 和随机数 δ 来判别当前的 CTU 是否嵌入了秘密信息。若当前 CTU 嵌入了秘密信息，我们获取当前 CTU 内部具有最小尺寸的 $N/2$ 个 PU 的运动矢量，构造 N 维运动矢量元组 $C = (c_1, c_2, \cdots, c_N)$，将 N 维运动矢量元组 C 转换为模值为 $2N+1$ 的 N 维元组 τ，$\tau = (x_1, x_2, \cdots, x_i, \cdots, x_N)$，构建 N 维运动矢量空间 Γ，计算 N 维元组 τ 所对应的点的映射值 D，最后将 D 转换为长度为 $l = \lfloor \log_2(2N+1) \rfloor$ 的比特序列，该比特序列即为提取出的 l 位秘密信息。

图 4.35 描述了提取过程。对于每一个含有秘密信息的 CTU，首先根据随机种子计算出当前 CTU 的 N 值，假设为 8。在当前 CTU 内部去除合并模式和跳跃模式的预测单元，选择具有最小尺寸单元的 4 个 PU，如图中标识为 2、3、4、5 的 4 个 PU，获得对应的运动矢量分别为 $d_2 = (-1, -2), d_3 = (30, 16), d_4 = (0, 0), d_5 = (11, 20)$。根据这 4 个运动矢量的水平分量和垂直分量，我们按上面所述构造出 8 维运动矢量元组 $C = (c_1, c_2, \cdots, c_8) = (-1, -2, 30, 16, 0, 0, 11, 20)$，转换 N 维运动矢量元组 C 为模值为 17 的 8 维元组 $\tau = (x_1, x_2, \cdots, x_i, \cdots, x_8) = (16, 15, 13, 16, 0, 0, 11, 3)$。构造 8 维运动矢量空间 Γ，计算坐标为 $\tau = (16, 15, 13, 16, 0, 0, 11, 3)$ 的点的空间点阵映射值 $D = f(16, 15, 13, 16, 0, 0, 11, 3) = 12$，将 12 转换为长度为 $\lfloor \log_2(2N+1) \rfloor = 4$ 的比特序列 "1100"，即可提取出当前 CTU 内部嵌入的秘密信息比特串 $S = $ "1100"。

假设当前CTU的N值为8

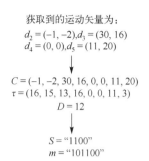

获取到的运动矢量为：
$d_2 = (-1, -2), d_3 = (30, 16)$
$d_4 = (0, 0), d_5 = (11, 20)$

$C = (-1, -2, 30, 16, 0, 0, 11, 20)$
$\tau = (16, 15, 13, 16, 0, 0, 11, 3)$
$D = 12$

$S = $ "1100"
$m = $ "101100"

图 4.35 提取过程示例

4.4.3 性能测试与评价

本算法在 H.265/HEVC 视频标准编解码软件 HM 14.0 上进行实验，测试视频包含了不同纹理特征和动态性各异的 12 组测试样本，其中，测试视频 Catus、BasketballPass、BQTerrace、Kimono1、ParkScene、Tennis 的分辨率为 1920×1080；测试视频 PeopleOnStreet、Traffic 的分辨率为 2560×1600；测试视频 ChinaSpeed 的分辨率为 1024×768；测试视频 RaceHorses、Keiba、PartyScene 的分辨率为 832×480。编码的视频序列结构为 IPPP…，每一个测试视频总计编码为 100 帧，用于测试隐写算法的嵌入性能，编码帧率为 25 帧/s，实验嵌入强度 $\varepsilon = 0.2$ 或者 0.5 或者 1.0，并分别用 ME0.2、ME0.5、ME1.0 表示本算法不同嵌入强度的实验性能。实验中，LSB 表示修改运动矢量水平分量和垂直分量最低有效位嵌入秘密信息的隐写算法；Parity 表示通过修改运动矢量的水平分量或垂直分量，使水平分量和垂直分量异或运算的结果等于秘密信息从而嵌入秘密信息的隐写算法。

图 4.36 显示了测试视频 Catus 和 BasketballPass 在未嵌入秘密信息，嵌入强度为 1.0、0.5 和 0.2 的情况下视频载体视觉质量的效果对比。可以看出，在 3 种不同的嵌入强度下，文献[33]的算法对解码后的视频帧没有造成明显的恶化，与

（a）Catus：原始视频

（b）Catus：ME1.0

(c) Catus：ME0.5

(d) Catus：ME0.2

(e) BasketballPass：原始视频

(f) BasketballPass：ME1.0

(g) BasketballPass：ME0.5

(h) BasketballPass：ME0.2

图 4.36　文献[33]隐写算法的视觉效果对比

未嵌入的解码视频帧相比，视觉上没有锯齿、马赛克和错位，在主观视觉质量上没有任何明显差别，具有良好的不可感知性。

由于通过修改 PU 的运动矢量来嵌入秘密信息，视频载体的码率会增加，这里使用 BRI 这一指标来衡量视频载体码率在嵌入信息前后的变化情况，BRI 按如下定义：

$$BRI = \frac{BR' - BR}{BR'} \tag{4.20}$$

其中，BR' 为未嵌入信息时压缩测试视频产生的码率；BR 为嵌入信息后视频载体被压缩时产生的码率。图 4.37 显示了 12 个测试视频在嵌入相同秘密信息时不同算法的 BRI 性能。从图中可以看到，当嵌入强度 $\varepsilon = 0.2$ 时，测试视频具有最低的 BRI，接近于 0。随着嵌入强度 ε 的增加，测试视频的 BRI 也提升了，在嵌入强度 $\varepsilon = 1.0$ 时，相较于传统的 LSB 和 Parity 运动矢量隐写算法，该算法具有更低的 BRI。

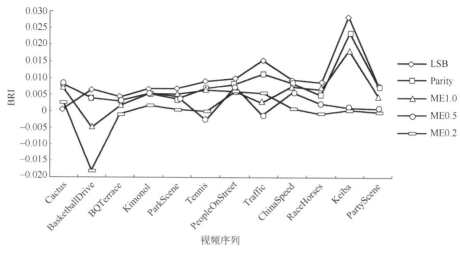

图 4.37 文献[33]隐写算法的 BRI

视频隐写算法的嵌入容量性能使用嵌入效率 E 来表示,嵌入效率 E 是指修改一次运动矢量时嵌入的秘密信息的平均位数,假设嵌入 m 位秘密信息需要实际修改 n 个运动矢量,那么嵌入效率 $E = m/n$。表 4.8 给出了两个测试视频 Cactus 和 PeopleOnStreet 的嵌入容量性能,其中"运动矢量数"指嵌入特定位数的秘密信息需要实际修改的运动矢量数。从表 4.8 中的数据可以看到,随着嵌入强度 ε 的增加,文献[33]的算法可以嵌入更多的秘密信息,其嵌入效率 E 远高于常用的 LSB 隐写算法和 Parity 隐写算法。

表 4.8 文献[33]隐写算法的嵌入容量性能

视频序列	算法	嵌入位数	运动矢量数	E	视频序列	算法	嵌入位数	运动矢量数	E
Cactus	LSB	194	99	1.96	People-OnStreet	LSB	1202	591	2.03
	Parity	97	52	1.87		Parity	614	309	1.99
	ME1.0	170	73	2.33		ME1.0	1074	494	2.17
	ME0.5	112	52	2.15		ME0.5	562	259	2.17
	ME0.2	48	21	2.29		ME0.2	246	117	2.10

4.5 基于熵编码的视频隐写技术

4.5.1 概述

基于熵编码的视频隐写技术主要利用视频封装域(encrypted domain)进行视

频隐写，此类隐写算法相比前面的基于 DCT/DST 系数、预测模式或运动矢量的隐写算法研究热度较低，但仍具有重要的研究和应用价值，可以用于云计算、医疗视频和监控视频等的数据安全管理[43]。例如，对于云计算服务器的管理者而言，如果利用视频隐写算法把视频元数据（视频标识、视频认证等）作为秘密信息嵌入封装后的视频码流文件中，根据嵌入的元数据，服务器可以在不获取视频具体内容的前提下实现管理视频或对视频完整性进行验证，甚至可以实现对视频版权信息的有效管理和验证。因此，有别于前面传统的视频隐写算法需要解码视频才可进行秘密信息的提取，此类视频隐写算法既可以从封装的视频码流中进行提取，也可以在视频解码过程中进行秘密信息提取，具有广泛的应用场景和实用价值。

随着 H.264/AVC 视频编码标准的发布，更多的熵编码特征被引入进来，例如，在 H.264/AVC 的视频编码过程中提供了两种熵编码方式：CAVLC 和 CABAC[44]。而现有的基于熵编码的视频隐写算法不是很多，文献[45]中提出了两种针对 MPEG 格式的视频隐写算法，在第一种方案中，秘密信息的嵌入不影响 MPEG 视频的码率。具体来说，通过对每个宏块编码特征的提取，使用二阶回归模型计算嵌入秘密信息的比特数。在提取端同样使用此二阶回归模型预测嵌入的信息位数，此方案的优点是具有高度的预测准确性，但嵌入容量较低。在第二种方案中，通过利用灵活宏块排序（flexible macroblock ordering，FMO）特征实现秘密信息的嵌入。实验结果表明，使用二阶回归模型，帧率为 30 帧/s 时第一种方案的最大嵌入容量为 10Kbit/s，第二种方案的最大嵌入容量为 30Kbit/s。文献[46]提出了一种适用于 H.264/AVC 封装域的视频隐写算法，嵌入秘密信息前，运动矢量差值的码字、帧内预测模式的码字和残差系数的码字将会被标准流加密算法如 RC4（Rivest cipher 4）加密，加密的过程是与 CAVLC、指数哥伦布（exp-Golomb）编码相融合的。秘密信息的嵌入通过码字替换实现而不需要知道视频的原始内容，其中 P 帧用于嵌入而 I 帧的码字保持不变以最大化地减小嵌入误差。实验结果表明，该算法在嵌入秘密信息后视频码流的大小未发生变化，因此所引起的视觉失真是极其微弱的。但是由于 CAVLC 的统计特征未被充分利用，该算法存在嵌入容量受限的挑战。文献[47]在文献[46]的基础之上，提出了一种利用 CAVLC 码字冗余嵌入秘密信息的算法。该算法较文献[46]的改进之处有两个方面：一是当 suffixLength 为 1 时，通过码字替换算法来实现嵌入；二是当 suffixLength 为 2 时，通过基于多重的标记系统实现嵌入。

此外，还有一部分将视频隐写和加密算法相结合的案例。在文献[48]中，对帧内预测模式、运动矢量差值、DCT 系数进行加密，同时通过对 DCT 系数的修改进行秘密信息的嵌入。在文献[49]中，通过对 4×4 亮度块的帧内预测模式、纹理特征和运动矢量差值的符号标记位进行加密，在帧内预测模式中嵌入秘密信息，但该算法产生的视频载体码流并不能完全地兼容 H.264/AVC 视频压缩标准，导致在 H.264/AVC 标准解码器端会造成冲突。上述两种算法最大的问题是：嵌入信息是在视频压缩过程中同步进行的，即它们无法在压缩后的视频码流文件中进行秘密信息的嵌入，导致秘密信息的提取必须通过解码视频获得，这与从封装的视频码流中直接进行秘密信息的提取以验证视频文件的完整性和安全性的需求相悖。下面我们以较为经典的文献[46]的算法为例介绍基于熵编码的视频隐写技术。

4.5.2　基于熵编码的 H.264/AVC 视频隐写算法

基于熵编码的 H.264/AVC 视频隐写算法[46]主要分为两部分。

（1）秘密信息嵌入：嵌入端包含视频流加密和嵌入两部分。在视频流加密中，视频内容的拥有者利用流加密算法对原始 H.264/AVC 视频码流文件进行加密，其中加密密钥应该和提取端解密密钥保持对应；在嵌入部分，视频隐写的嵌入者利用码字替换算法可以嵌入额外的认证、标记等信息到加密后的 H.264/AVC 视频码流文件中。

（2）秘密信息提取：视频隐写的提取者可以在两种场景下提取秘密信息，一种是对加密的视频码流文件直接进行视频完整性验证、标记符的提取；另外一种是解密视频文件后，再在解码视频码流文件的过程中进行秘密信息的提取。

该隐写算法的嵌入与提取过程如图 4.38 所示，图 4.38（a）用于描述秘密信息的嵌入过程，图 4.38（b）用于描述秘密信息在两种场景下的提取过程。

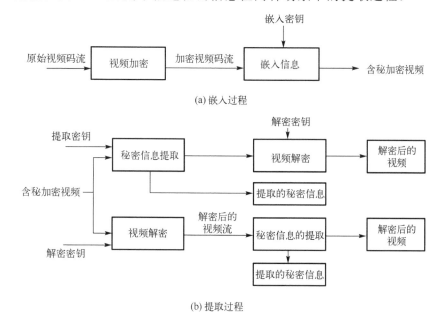

(a) 嵌入过程

(b) 提取过程

图 4.38　视频隐写算法[46]的嵌入与提取过程

1. 嵌入过程

视频加密一个最关键的问题是如何保证能高效处理对实时和计算复杂度有严格要求的场景，如果采用传统的加密方式对视频所有数据进行加密是无法满足上述要求的，因此该隐写算法只针对 H.264/AVC 视频的帧内预测模式、DCT 残差系数和运动矢量差值进行加密。此外，不同于传统的视频隐写加密算法在熵编码过程中进行加密，该隐写算法在熵编码之前利用流加密算法对选定的部分视频数据内容（帧内预测模式、残差系数和运动矢量差值）的码字进行加密处理，这使得加密和熵编码之后的码流文件兼容现有标准的 H.264/AVC 解码器，可被任何支持 H.264/AVC 的解码器解码。

1）加密帧内预测模式

在 H.264/AVC 视频编码中，帧内预测编码存在 4 种类型，即 Intra_4×4、Intra_16×16、Intra_Chroma、I_PCM。其中只有 Intra_4×4 和 Intra_16×16 的预测模式需要加密处理。由前面 4.22 节可知，Intra_16×16 一共有 4 种预测模式，每一个 16×16 块的预测模式和编码块类型（coded block pattern，CBP）都存储在一个名为宏块类型（mb_type）的数据结构中。表 4.9 为 mb_type 的值以及对应的含义。为了与 H.264/AVC 标准解码器相适应，加密预测模式时不应改变 CBP 宏块类型，并且每一个 mb_type 的码字长度应该在加密前后保持一致。宏块类型 mb_type 采用了指数哥伦布编码，从表 4.9 中不难发现在 Intra_16×16（表中记作 I_16×16）的 mb_type 数据结构中，每四行 CBP（包含亮度 CBP 和色度 CBP）是不变的，每两行码字长度相同。根据这一发现，加密 Intra_16×16 预测模式是用其对应的码字最后一位与一个伪随机序列中的一位进行逐位异或（bitwise XOR）操作实现的，其中该伪随机序列由标准流安全加密算法 RC4 生成，加密使用的密钥标识为 E_Key1。

表 4.9　mb_type 及其对应码字

mb_type	mb_type 名称	16×16 预测模式	色度 CBP	亮度 CBP	码字
1	I_16×16_0_0_0	0	0	0	010
2	I_16×16_1_0_0	1	0	0	011
3	I_16×16_2_0_0	2	0	0	00100
4	I_16×16_3_0_0	3	0	0	00101
5	I_16×16_0_1_0	0	1	0	00110
6	I_16×16_1_1_0	1	1	0	00111
7	I_16×16_2_1_0	2	1	0	0001000
8	I_16×16_3_1_0	3	1	0	0001001
9	I_16×16_0_2_0	0	2	0	0001010

续表

mb_type	mb_type 名称	16×16 预测模式	色度 CBP	亮度 CBP	码字
10	I_16×16_1_2_0	1	2	0	0001011
11	I_16×16_2_2_0	2	2	0	0001100
12	I_16×16_3_2_0	3	2	0	0001101
13	I_16×16_0_0_1	0	0	15	0001110
14	I_16×16_1_0_1	1	0	15	0001111
15	I_16×16_2_0_1	2	0	15	000010000
16	I_16×16_3_0_1	3	0	15	000010001
17	I_16×16_0_1_1	0	1	15	000010010
18	I_16×16_1_1_1	1	1	15	000010011
19	I_16×16_2_1_1	2	1	15	000010100
20	I_16×16_3_1_1	3	1	15	000010101
21	I_16×16_0_2_1	0	2	15	000010110
22	I_16×16_1_2_1	1	2	15	000010111
23	I_16×16_2_2_1	2	2	15	000011000
24	I_16×16_3_2_1	3	2	15	000011001

Intra_4×4 共有 9 种预测模式，为了减少编码所有 Intra_4×4 块的预测模式所产生的大量比特数据，预测编码技术被广泛使用在 Intra_4×4 的预测过程中。预测编码主要是利用当前块的左块和上块两者预测模式的较小值(记作 MPM)，来对当前块的预测模式 Mode_cur 进行预测。如果 MPM 等于 Mode_cur，那么只用一比特数据标识该预测模式；如果 MPM 不等于 Mode_Cur，那么该预测模式的码字由 1 比特"0"和 3 比特固定长度码组成。Intra_4×4 预测模式的加密就是将这 3 比特固定长度码与一个伪随机序列逐位异或，加密使用的密钥标识为 E_Key2。

上述两类预测模式加密过程中存在的一个问题是关于图像上部和左部边界预测块的加密处理问题。由于每一帧图像最上边和最左边块(4×4 或 16×16)没有周边块，因而其预测模式必须是一个可以被解码的值[44]。如果当前预测块是边界块，那么不对其预测模式进行加密处理，以使加密后的预测模式兼容支持 H.264/AVC 解码器。可以看到 Intra_16×16 和 Intra_4×4 的加密过程未改变 CBP 的值，码字长度也未发生变化，所以完全符合 H.264/AVC 的语义和码流规范。

2)加密运动矢量差值

与帧内预测模式的编码相似，运动矢量差值(MVD)也是采用指数哥伦布编码，其编码后的格式为[M zeroS]1[INFO]，其中 M zeroS 是 M 位 0 比特串，INFO 为一个 M 位的比特串，用于描述差值信息，MVD 及其编码后的码字如表 4.10 所示。MVD 的加密依然是码字的最后一位与一个伪随机序列中的一位进行异或运

算，其中该伪随机序列由标准流安全加密算法（如 RC4）生成，加密使用的密钥标
识为 E_Key3。从加密过程可以看到，MVD 的加密可能会改变 MVD 的符号，但
其码字长度不变，即可以兼容标准的 H.264/AVC 解码器。MVD 等于 0 时不做加
密处理，因为码字 1 异或为 0 后没有对应的 MVD 配对。

表 4.10　MVD 及其对应码字

MVD	编码数	码字	MVD	编码数	码字
0	0	1	−5	10	0001011
1	1	010	6	11	0001100
−1	2	011	−6	12	0001101
2	3	00100	7	13	0001110
−2	4	00101	−7	14	0001111
3	5	00110	8	15	000010000
−3	6	00111	−8	16	000010001
4	7	0001000	9	17	000010010
−4	8	0001001	−9	18	000010011
5	9	0001010	...	...	...

3）加密残差系数

I 帧和 P 帧的残差系数作为视频内容的关键数据也进行了加密处理。在
H.264/AVC 中，量化后的残差系数采用 CAVLC 进行熵编码，熵编码后其码字格
式特征如下：

{Coeff_Token, Sign_Of_TrailingOnes, Level, Total_Zeros, Run_Before}

其中，Coeff_Token 代表非零系数的个数；Sign_Of_TrailingOnes 代表拖尾系数的符
号；Level 代表除拖尾系数外的非零系数幅值；Total_Zeros 代表最后一个非零系数之
前 0 的个数；Run_Before 代表每个非零系数前 0 的个数。为了使加密后的残差系数
兼容 H.264/AVC 标准解码器，只对 Sign_Of_TrailingOnes 和 Level 两个元素进行加密，
其余的元素保持原始值不变。其中元素 Sign_Of_TrailingOnes 的码字只有一位，位"0"
表示+1，位"1"表示−1。Sign_Of_TrailingOnes 加密是与一个伪随机序列进行异或
运算，伪随机序列的加密密钥标识为 E_Key4。Level 元素的码字由前缀（Level-prefix）
和后缀（Level-suffix）构成，其格式如下：

$$Level\ codeword = [Level\text{-}predix][Level\text{-}suffix] \tag{4.21}$$

表 4.11 所示为 Level 元素及其对应的码字字段。Level 元素的加密是取码字最
后一位与一个伪随机序列进行异或运算，该伪随机序列使用的流加密密钥为
E_Key5。从表 4.11 中可以看到，对 Level 元素最后一位进行加密后，可能会改变
Level 元素的符号，但是其码字长度不会发生变化，即可以兼容标准的 H.264/AVC

视频解码器。对 suffixLength 等于 0 的 Level 不进行加密，因为异或后的码字可能没有对应的 Level，如 Level 1 码字 1 异或为 0 后找不到相对应的码字为 0 的 Level。

表 4.11　Level 元素及其对应码字

suffixLength	Level (>0)	码字	Level (<0)	码字
0	1	1	−1	01
	2	001	−2	0001
	3	00001	−3	000001
	4	0000001	−4	00000001
1	1	10	−1	11
	1	010	−2	011
	3	0010	−3	0011
	4	00010	−4	00011
	5	000010	−5	000011
	6	0000010	−6	0000011
	7	00000010	−7	00000011
	8	000000010	−8	000000011
2	1	100	−1	101
	2	110	−2	111
	3	0100	−3	0101
	4	0110	−4	0111
	5	00100	−5	00101
	6	00110	−6	00111
	7	000100	−7	000101
	8	000110	−8	000111
	9	0000100	−9	0000101
	10	0000110	−10	0000111
	11	00000100	−11	00000101
	12	00000110	−12	00000111
	13	000000100	−13	000000101
	14	000000110	−14	000000111
3	1	1000	−1	1001
	2	1010	−2	1011
	3	1100	−3	1101
	4	1110	−4	1111
	5	01000	−5	01001
	6	01010	−6	01011

续表

suffixLength	Level (>0)	码字	Level (<0)	码字
	7	01100	−7	01101
	8	01110	−8	01111
	9	001000	−9	001001
	10	001010	−10	001011
3	11	001100	−11	001101
	12	001110	−12	001111
	13	0001000	−13	0001001
	14	0001010	−14	0001011

　　秘密信息的嵌入是通过对 Level 元素的码字进行替换实现的，由于码字的符号已经被加密了，因此秘密信息的嵌入不能改变 Level 元素的符号，否则会造成解密失败。秘密信息的嵌入需要遵循以下三条限制：一是嵌入秘密信息后的码流必须兼容标准的 H.264/AVC 解码器；二是嵌入秘密信息所导致的码字的替换必须长度与原始码字长度相同，以保持码率的不变；三是含秘密信息的视频载体在解码后不会引起解码视频的视觉质量下降，即具有良好的不可感知性。因此，嵌入秘密信息后的码字应尽可能接近原始的 Level 元素的码字。另外，由于 I 帧位于GOP 首部，在 I 帧中嵌入秘密信息所产生的嵌入误差会通过预测机制传递给后面的 P 帧，因此只嵌入秘密信息到 P 帧中。根据表 4.11，当 suffixLength 等于 0 或者 1 时，要么异或后的码字可能没有对应的 Level，要么 Level 元素的符号取反，因此 suffixLength 等于 0 或者 1 时不嵌入秘密信息。当 Level 元素的 suffixLength 等于 2 和 3 时，其码字可以被划分为两类相对立的编码空间 C_0 和 C_1，如图 4.39 所示，被标识为 C_0 和 C_1 的码字分别映射了秘密信息 "0" 和 "1"。

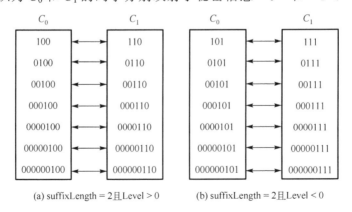

(a) suffixLength = 2 且 Level > 0　　　　　　　　　(b) suffixLength = 2 且 Level < 0

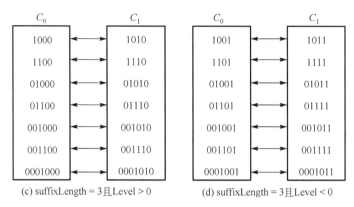

(c) suffixLength = 3且Level > 0　　　　　　　(d) suffixLength = 3且Level < 0

图 4.39　Level 元素的码字映射

假设待嵌入的秘密信息序列为 $B = \{b_i \mid i = 1, 2, \cdots, L, b_i \in \{0,1\}\}$，那么秘密信息的嵌入过程可分为以下几个步骤：①为了保证秘密信息序列的安全性，需要将秘密信息序列 B 通过一个混沌伪随机序列 $P = \{p_i \mid i = 1, 2, \cdots, L, p_i \in \{0,1\}\}$ 进行加密，重新生成加密后的待嵌入秘密信息序列 $W = \{w_i \mid i = 1, 2, \cdots, L, w_i \in \{0,1\}\}$，加密使用的密钥为嵌入密钥；②解析加密后的 H.264/AVC 码流，获取 Level 元素的码字 Codeword；③如果当前的 Codeword 属于编码空间 C_0 或者 C_1，则按照 Codeword 映射关系嵌入秘密信息 w_i，具体嵌入方式按照下式进行：

$$w_i = 0,\ \text{Embedding} \rightarrow \begin{cases} \text{不修改}, & \text{Codeword} \in C_0 \\ \text{Codeword} \rightarrow \text{Codeword}' \in C_0, & \text{Codeword} \in C_1 \end{cases} \quad (4.22)$$

$$w_i = 1,\ \text{Embedding} \rightarrow \begin{cases} \text{不修改}, & \text{Codeword} \in C_1 \\ \text{Codeword} \rightarrow \text{Codeword}' \in C_1, & \text{Codeword} \in C_0 \end{cases} \quad (4.23)$$

其中，Codeword 与 Codeword' 在图 4.39 的映射关系中一一对应。假设我们要嵌入的信息是 1001，从 H.264/AVC 码流文件中解析到的 Level 码字是 01 010 00100 00100 0001011 0000100，加密的伪随机序列为 10111，那么一个典型的嵌入过程如图 4.40 所示。其中图内 Skip 表示跳过当前数据熵编码，即不嵌入秘密信息。

2. 提取过程

本算法的提取过程分为两种，一种是在加密的视频载体中进行提取，另一种是解密视频载体后进行提取。下面我们分别介绍两种提取过程。

1）加密视频载体中提取

当加密后的含秘视频载体传递给提取端时，出于隐私考虑，秘密信息的提取者仅仅拥有嵌入密钥而无法知悉视频内容，这种场景下的秘密信息提取主要有如下几个步骤：

(1)通过解析加密的视频码流文件，获取 Level 元素的码字字段 Codeword；

(2)判断当前的 Codeword 属于编码空间 C_0 还是 C_1，如果 Codeword $\in C_0$，则提取出秘密信息"0"，否则提取秘密信息"1"；

(3)根据嵌入密钥生成混沌伪随机序列 P，利用混沌伪随机序列 P 解码已提取的加密秘密信息序列，从而得到嵌入的原始秘密信息。

一种典型的提取示例如图 4.41(a)所示。

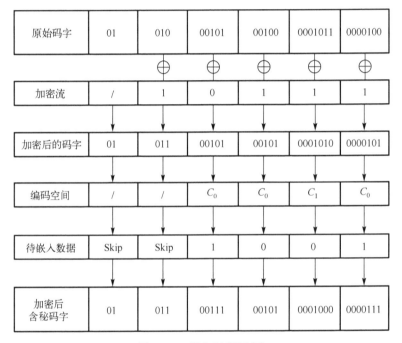

图 4.40　嵌入过程示例

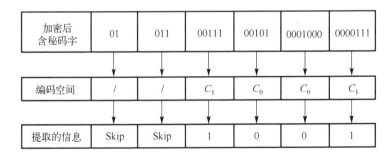

(a)加密域提取

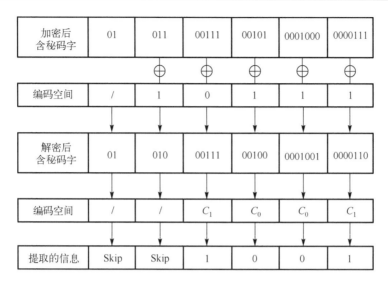

(b) 解密域提取

图 4.41　提取过程示例

2) 解密视频载体后提取

如果提取者同时拥有视频加密密钥和嵌入密钥，那么可以先解密视频再提取秘密信息，这种方式比较适用于视频内容的溯源追踪场景。这种场景下秘密信息的提取包含以下几个步骤：

(1) 利用加密密钥产生加密端使用的伪随机序列；

(2) 通过解析加密的视频码流文件，获取到帧内预测模式 (IPM)、MVD、Sign_Of_TrailingOnes、Level 元素的码字字段 Codeword；

(3) 将加密的 IPM、MVD、Sign_Of_TrailingOnes、Level 元素的码字字段 Codeword 与相应的伪随机序列进行异或操作，得到解密后含秘的 Codeword；

(4) 判断解密后的 Codeword 属于编码空间 C_0 还是 C_1，如果 Codeword $\in C_0$，则提取出秘密信息 "0"，否则提取秘密信息 "1"；

(5) 根据嵌入密钥生成混沌伪随机序列 P'，利用混沌伪随机序列 P' 解码已提取的加密秘密信息序列，从而得到嵌入的原始秘密信息。

一种典型的提取示例如图 4.41(b) 所示。

4.5.3　性能测试与评价

本算法在 H.264/AVC 视频标准编解码软件 JM 12.2 上进行实验，测试视频序列 Stefan、News 格式为 QCIF，分辨率均为 176×144，编码帧率为 30 帧/s，编码前 100

帧，GOP 帧结构为 IPPPP。峰值信噪比（PSNR）、结构相似性（SSIM）和视频质量评价（video quality measurement，VQM）这 3 个视觉质量评价指标都是由嵌入视频帧和原始视频帧进行比较得到的，嵌入容量是每秒 30 帧可嵌入的最大秘密信息位数，码率变化率 BR_{var} 为

$$BR_{var} = \frac{BR_{em} - BR_{ori}}{BR_{ori}} \times 100\%$$

其中，BR_{em} 是经过嵌入信息和加密后形成的码流码率；BR_{ori} 是未经嵌入信息和加密而压缩形成的码流。

1. 加密算法安全性测试

加密算法的安全性主要包含两种：加密安全和视觉安全。加密安全指的是抵御密码攻击的能力，由于文献[46]的算法对待加密的句法元素 IPM、MVD 和残差系数等采用了安全的流加密算法（如 RC4 等），并对嵌入的秘密信息采用了混沌伪随机序列进行加密，因此对于密码攻击来说，算法具有极高的安全性。视觉安全主要指的是加密后的视频载体能否不被识别。如果一个加密后的视频内容可以被人眼所理解识别，那么这个视频的加密是不安全的。实验表明，对码流中多个关键视频句法元素（IPM、MVD 和残差系数等）的加密可以保证视频的视觉安全性，我们以两个测试视频 Stefan 和 News 为例，在图 4.42 中分别展示了原始的视频帧（图 4.42(a)）、加密后的视频帧（图 4.42(b)）、在加密后的视频中嵌入秘密信息后的视频帧（图 4.42(c)）和解密后含有秘密信息的视频帧（图 4.42(d)）。由图 4.42 的结果可以看到，加密后所导致的视频帧内容被完全置乱，即无论是否嵌入秘密信息，人眼均无法有效地读取加密后的视频帧内容；另外，含秘视频载体在解密后可以看到在视觉效果上无任何显著差异，即具有良好的视觉安全性能。

(a)

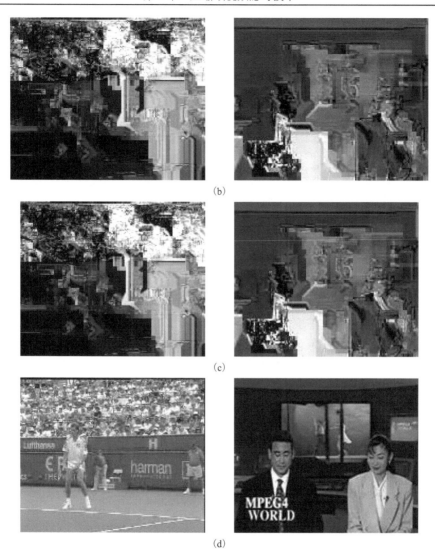

图 4.42　文献[46]加密安全测试视觉比较

2. 视觉质量与嵌入容量测试

含有秘密信息的视频载体应该具有与原始视频相近的视觉质量效果，即嵌入秘密信息所导致的视频码流文件的改动不能产生明显的人为痕迹，具有视觉上的不可察觉性，从图 4.42(a)和图 4.42(d)可以看出，该算法具有良好的不可察觉性。表 4.12 以测试视频 Stefan 和 News 为例给出了文献[46]的视觉质量测试结果，由表中数据可以发现，随着 QP 值从 24 到 32 的变动，测试视频 Stefan 由嵌入秘密信息导致 PSNR 平均下降了 0.56dB，SSIM 平均下降了 0.0004，VQM 平均增加了 0.0285；测试视频 News 由嵌入秘密信息导致 PSNR 平均下降了 0.03dB，SSIM 保持不变，VQM 平均增加了 0.0011。由实验结果可以看出，嵌入信息导致的解密视频载体视觉质量下降的幅度相对于参考视频来说极其微小。

表 4.12 文献[46]隐写算法的视觉质量、嵌入容量性能

视频序列	QP	嵌入容量/(Kbit/s)	PSNR/dB		SSIM		VQM	
			不嵌入	嵌入	不嵌入	嵌入	不嵌入	嵌入
Stefan	24	17.8	39.60	38.33	0.9833	0.9825	0.7385	0.7855
	28	3.63	35.84	35.50	0.9692	0.9688	1.0334	1.0586
	32	0.57	31.68	31.62	0.9447	0.9446	1.3834	1.3967
	平均值		35.71	35.15	0.9657	0.9653	1.0517	1.0802
News	24	0.50	40.82	40.75	0.9848	0.9848	0.5847	0.5872
	28	0.11	37.78	37.76	0.9727	0.9727	0.7745	0.7751
	32	0.02	34.57	34.56	0.9531	0.9531	1.0064	1.0065
	平均值		37.72	37.69	0.9702	0.9702	0.7885	0.7896

表 4.12 也反映了文献[46]的算法在不同的 QP 下的嵌入性能。可以看出，影响嵌入容量的因素主要有不同的视频内容和不同的 QP。不同的视频内容会导致不同的适合嵌入的码字数量，由于只在 P 帧中进行嵌入，因此具有越多运动背景的视频具有越高的嵌入容量，这是由于具有越多运动内容的视频具有越高的适合嵌入的 Level；而随着量化参数 QP 的增加，嵌入容量在逐步减少，越高的量化参数 QP 会导致越多的残差系数数值变低，从而导致适合嵌入的 Level 数量越少。

3. 码率变化率

由前面的描述可知，因为嵌入和加密过程未改变对应码字的长度信息，因此该隐写算法不会增加码率，即码率与标准 H.264/AVC 码率保持一致，这也是文献[46]算法的一个优势所在。

参 考 文 献

[1] Koch E, Zhao J. Toward robust and hidden image copyright labeling. IEEE Workshop on Nonlinear Signal and Image Processing, Neos Marmaras, 1995: 452-455.

[2] Cox I J, Kilian J, Leighton F T, et al. Secure spread spectrum watermarking for multimedia. IEEE Transactions on Image Processing, 1997, 6(12): 1673-1687.

[3] Swanson M D, Zhu B, Tewfik A H. Robust data hiding for images. 1996 IEEE Digital Signal Processing Workshop Proceedings, Loen, 1996: 37-40.

[4] Tao B, Dickinson B. Adaptive watermarking in the DCT domain. 1997 IEEE International Conference on Acoustics, Speech, and Signal Processing, Munich, 1997: 2985-2988.

[5] Piva A, Barni M, Bartolini F, et al. A DCT-based watermarking recovering without resorting to the uncorrupted digital image. Proceedings of the IEEE International Conference in Image Processing, Santa Barbara, 1997: 520-523.

[6] Podilchuk C I, Zeng W J. Image-adaptive watermarking using visual models. IEEE Journal on Selected Areas in Communications, 1998, 16(4): 525-539.

[7] Hernández J R, Amado M, Pérez-González F. DCT-domain watermarking techniques for still images: Detector performance analysis and a new structure. IEEE Transactions on Image Processing: A Publication of the IEEE Singal Processing Society, 2000, 9(1): 55-68.

[8] 黄继武, Shi Y Q. 基于块分类的自适应图象水印算法. 中国图象图形学报, 1999, 4(8): 640-643.

[9] 王慧琴, 李人厚. 一种结合空间域和 DCT 域的数字水印新算法. 通信学报, 2002, 23(8): 81-86.

[10] Ma X J, Li Z T, Lv J, et al. Data hiding in H.264/AVC streams with limited intra-frame distortion drift. 2009 International Symposium on Computer Network and Multimedia Technology, Wuhan, 2009: 1-5.

[11] Ma X J, Li Z J, Tu H, et al. A data hiding algorithm for H.264/AVC video streams without intra-frame distortion drift. IEEE Transactions on Circuits and Systems for Video Technology, 2010, 20(10): 1320-1330.

[12] Liu Y X, Li Z T, Ma X J, et al. A robust without intra-frame distortion drift data hiding algorithm based on H.264/AVC. Multimedia Tools and Applications, 2014, 72(1): 613-636.

[13] Yao Y Z, Zhang W M, Yu N H, et al. Defining embedding distortion for motion vector-based video steganography. Multimedia Tools and Applications, 2015, 74(24): 11163-11186.

[14] Liu Y X, Li Z T, Ma X J, et al. A robust data hiding algorithm for H.264/AVC video streams. Journal of Systems and Software, 2013, 86(8): 2174-2183.

[15] Liu Y X, Liu S Y, Zhao H G, et al. A new data hiding method for H.265/HEVC video streams without intra-frame distortion drift. Multimedia Tools and Applications, 2019, 78(6): 6459-6486.

[16] Liu Y X, Liu S Y, Zhao H G, et al. A data hiding method for H.265 without intra-frame distortion drift. International Conference on Intelligent Computing, Liverpool, 2017: 642-650.

[17] Yang M, Bourbakis N. A high bitrate information hiding algorithm for digital video content under H.264/AVC compression. Proceedings of the 48th Midwest Symposium on Circuits and

Systems, Covington, 2005: 935-938.

[18] Gong X, Lu H M. Towards fast and robust watermarking scheme for H.264 video. Proceedings of the 10th IEEE International Symposium on Multimedia, Berkeley, 2008: 649-653.

[19] Swati S, Hayat K, Shahid Z. A watermarking scheme for high efficiency video coding (HEVC). PLoS One, 2014, 9(8): e105613.

[20] Tew Y, Wong K. Information hiding in HEVC standard using adaptive coding block size decision. 2014 IEEE International Conference on Image Processing, Paris, 2014: 5502-5506.

[21] Hu Y, Zhang C T, Su Y T. Information hiding for H.264/AVC. Acta Electronica Sinica, 2008, 36(4): 690.

[22] Wang R D, Zhu H L, Xu D W. Information hiding algorithm for H.264/AVC based on encoding mode. Opto-Electronic Engineering, 2010, 37(5): 144-150.

[23] Xu D W, Wang R D, Wang J C. Prediction mode modulated data-hiding algorithm for H.264/AVC. Journal of Real-Time Image Processing, 2012, 7(4): 205-214.

[24] Yang G B, Li J J, He Y L, et al. An information hiding algorithm based on intra-prediction modes and matrix coding for H.264/AVC video stream. AEU-International Journal of Electronics and Communications, 2011, 65(4): 331-337.

[25] Yin Q, Wang H, Zhao Y. An information hiding algorithm based on intra-prediction modes for H.264 video stream. Journal of Optoelectronics Laser, 2012, 23(11): 2194-2199.

[26] Bouchama S, Hamami L, Aliane H. H.264/AVC data hiding based on intra prediction modes for real-time applications. Proceedings of the World Congress on Engineering and Computer Science, San Francisco, 2012: 655-658.

[27] Zhang L Y, Zhao X F. An adaptive video steganography based on intra-prediction mode and cost assignment. International Workshop on Digital Watermarking, Magdeburg, 2017: 518-532.

[28] Wang J J, Wang R D, Li W, et al. A large-capacity information hiding method for HEVC video. International Conference on Computer Science and Service System, Nibo, 2014: 139-142.

[29] Wang J J. An information hiding algorithm for HEVC based on angle differences of intra prediction mode. Journal of Software, 2015, 10(2): 213-221.

[30] Wang J J, Wang R D, Li W, et al. An information hiding algorithm for HEVC based on intra prediction mode and block code. Sensors & Transducers, 2014, 177(8): 230-237.

[31] Saberi Y, Ramezanpour M, Khorsand R. An efficient data hiding method using the intra prediction modes in HEVC. Multimedia Tools and Applications, 2020, 79(43/44): 33279-33302.

[32] Aly H A. Data hiding in motion vectors of compressed video based on their associated

prediction error. IEEE Transactions on Information Forensics and Security, 2010, 6(1): 14-18.

[33] Yang J, Li S B. An efficient information hiding method based on motion vector space encoding for HEVC. Multimedia Tools and Applications, 2018, 77(10): 11979-12001.

[34] Xu C Y, Ping X J, Zhang T. Steganography in compressed video stream. Proceedings of the 1st International Conference on Innovative Computing, Information and Control, Beijing, 2006: 269-272.

[35] Pan F, Xiang L, Yang X Y, et al. Video steganography using motion vector and linear block codes. 2010 IEEE International Conference on Software Engineering and Service Sciences, Beijing, 2010: 592-595.

[36] Cao Y, Zhang H, Zhao X F, et al. Covert communication by compressed videos exploiting the uncertainty of motion estimation. IEEE Communications Letters, 2015, 19(2): 203-206.

[37] Cao Y, Zhang H, Zhao X F, et al. video steganography based on optimized motion estimation perturbation. Proceedings of the 3rd ACM Workshop on Information Hiding and Multimedia Security, 2015:25-31.

[38] Wang J, Zhang M Q, Sun J L. Video steganography using motion vector components. 2011 IEEE 3rd International Conference on Communication Software and Networks, Xi'an, 2011: 500-503.

[39] Guo Y, Pan F. Information hiding for H.264 in video stream switching application. 2010 IEEE International Conference on Information Theory and Information Security, Beijing, 2010: 419-421.

[40] Zhu H L, Wang R D, Xu D W. Information hiding algorithm for H.264 based on the motion estimation of quarter-pixel. 2010 2nd International Conference on Future Computer and Communication, Wuhan, 2010: 423-427.

[41] Swaraja K, Latha Y M, Reddy V S K, et al. Video watermarking based on motion vectors of H.264. 2011 Annual IEEE India Conference, Hyderabad, 2011: 1-4.

[42] Zhang H, Cao Y, Zhao X F. Motion vector-based video steganography with preserved local optimality. Multimedia Tools and Applications, 2016, 75(21): 13503-13519.

[43] Lu W J, Varna A, Wu M. Secure video processing: Problems and challenges. 2011 IEEE International Conference on Acoustics, Speech and Signal Processing, Prague, 2011: 5856-5859.

[44] Wiegand T, Sullivan G J, Bjontegaard G, et al. Overview of the H.264/AVC video coding standard. IEEE Transactions on Circuits and Systems for Video Technology, 2003, 13(7): 560-576.

[45] Shanableh T. Data hiding in MPEG video files using multivariate regression and flexible macroblock ordering. IEEE Transactions on Information Forensics and Security, 2012, 7(2): 455-464.

[46] Xu D W, Wang R D, Shi Y Q. Data hiding in encrypted H.264/AVC video streams by codeword substitution. IEEE Transactions on Information Forensics and Security, 2014, 9(4): 596-606.

[47] Xu D W, Wang R D, Shi Y Q. An improved scheme for data hiding in encrypted H.264/AVC videos. Journal of Visual Communication and Image Representation, 2016, 36: 229-242.

[48] Lian S G, Liu Z X, Ren Z, et al. Commutative encryption and watermarking in video compression. IEEE Transactions on Circuits and Systems for Video Technology, 2007, 17(6): 774-778.

[49] Park S W, Shin S U. Combined scheme of encryption and watermarking in H.264/scalable video coding (SVC)//Tsihrintzis G A, Virvou M, Howlett R J, et al. New Directions in Intelligent Interactive Multimedia. Berlin: Springer, 2008: 351-361.

第 5 章 可逆视频隐写技术

5.1 引   言

通常信息隐藏在嵌入和提取过程中会在一定范围和幅度内修改原始载体，这对那些不容忍永久失真的载体，如医疗图像和法律证据等，是不可接受的。可逆信息隐藏是信息隐藏的一个分支，通常情况下我们把秘密信息在提取后能完全恢复原载体的信息隐藏方法称为可逆信息隐藏。可逆视频隐写技术，也称为无损视频隐写(lossless video steganography)技术，是秘密信息在提取后能完全恢复原视频载体的隐写技术，可以应用于医学诊断、军事、遥感及法律证据等不容忍永久失真的视频载体。为了方便读者更好地理解可逆视频隐写技术，5.2 节详细介绍基于直方图平移的可逆视频隐写技术，5.3 节详细介绍基于单系数法的可逆视频隐写技术。

可逆视频隐写技术通常聚焦于提升视频载体的不可感知性和嵌入容量。因为在可逆隐写过程中，在遭遇各种有意或无意攻击后，不但秘密信息难以恢复，视频载体也难以完全恢复，因此可逆视频隐写技术对视频传输环境一般有较高的要求。近年来，也有学者开始开展对可逆视频隐写鲁棒性的研究。

目前常用的可逆视频隐写技术包括基于差值扩展(DE)的可逆隐写算法[1-7]、基于预测误差扩展(prediction error expansion，PEE)的可逆隐写算法[8-14]、基于直方图平移(histogram shifting，HS)或称作直方图修改(HM)的可逆隐写算法[15-21]和基于单系数的可逆隐写算法[22-24]等。

差值扩展通过把视频帧的相邻像素划分为多组像素对，对每组像素对进行遍历修改以嵌入秘密信息，遍历每组像素对对秘密信息进行提取的同时对像素对进行还原，以实现可逆隐写的目的。假设一对相邻像素为(x, y)，秘密信息为s。首先对像素对(x, y)求平均值m与差值c，如式(5.1)和式(5.2)所示，其中"$\lfloor \ \rfloor$"表示向下取整；再对差值c进行扩展得出高频分量c_1，如式(5.3)所示；再根据式(5.4)和式(5.5)得到修改后的像素对(x', y')。

$$m = \lfloor (x + y)/2 \rfloor \tag{5.1}$$

$$c = x - y \tag{5.2}$$

$$c_1 = 2c + s \tag{5.3}$$

$$x' = m + \lfloor (c_1 + 1)/2 \rfloor \tag{5.4}$$

$$y' = m - \lfloor c_1/2 \rfloor \tag{5.5}$$

为了方便理解，举例如下：假设像素取值范围为$[0, 255]$，有相邻像素对$(36, 49)$，嵌入的秘密信息$s = 1$。通过上述公式计算可得$m = 42$，$c = -13$，$c_1 = -25$，$x' = 30$，$y' = 55$，嵌入秘密信息后得到新的一组像素对为$(30, 55)$。

提取过程：首先对像素对(x', y')求平均值m'与差值c'，如式(5.6)和式(5.7)所示；再根据式(5.8)得到c_1'，然后根据式(5.9)和式(5.10)恢复原像素对(x, y)；最后根据式(5.11)提取出秘密信息s。

$$m' = \lfloor (x' + y')/2 \rfloor \tag{5.6}$$

$$c' = x' - y' \tag{5.7}$$

$$c_1' = \lfloor c'/2 \rfloor \tag{5.8}$$

$$x = m' + \lfloor (c_1' + 1)/2 \rfloor \tag{5.9}$$

$$y = m' - \lfloor c_1'/2 \rfloor \tag{5.10}$$

$$s = \mathrm{mod}(c', 2) \tag{5.11}$$

在上面的例子中：像素对$(36, 49)$嵌入秘密信息后被修改为像素对$(30, 55)$，通过上述公式计算可得$m' = 42$，$c' = 25$，$c_1' = 13$，$x = 36$，$y = 49$，$s = 1$，此时秘密信息提取正确，像素对恢复为$(36, 49)$，与原像素对相同。

差值扩展技术的实现思路和方法比较简单，嵌入位置较多，同时相邻像素之间一般差值较小，嵌入造成的视觉失真也因此较小，所以差值扩展技术具有较好的不可感知性和嵌入容量。但是，有些像素值在实际变换过程中可能会出现溢出问题（即超出$[0, 255]$的取值范围），为此差值扩展技术就需要额外使用一个位置图对存在溢出的像素进行记录。如果视频载体具有较大的分辨率，那么其位置图也会占据较大的空间，对整体嵌入性能产生影响。文献[1]使用差值扩展技术对 H.264/AVC 视频中的帧内脉冲编码调制（intra pulse code modulation，IPCM）宏块进行嵌入，并且能够使嵌入失真不会在宏块间进一步漂移，因此该算法有较好的不可感知性。由于 H.264/AVC 视频在实际编码过程中产生的 IPCM 宏块数量并不多，因此该算法的嵌入容量一般不大。文献[2]以 H.264/AVC 视频的 I 帧和 P 帧为嵌入位置，提出了一种基于补偿差值扩展的视频可逆隐写算法。该算法采用系数配对方法，具有较高的嵌入容量。

预测误差扩展技术实际上是基于差值扩展技术的一种改进，因为预测误差对比差值具有更陡峭的直方图分布，因而具备更佳的嵌入性能，所以该技术运用预测误差来实现秘密信息嵌入。一般而言，预测误差扩展技术需要先对视频帧像素进行预测得到像素预测值；再得出实际像素值与其预测值之间的差值(即预测误差)；然后生成预测误差直方图，并对其进行内外两个区域的分割；最后分别进行扩展和移位操作以实现秘密信息嵌入。因为直方图内部区域的预测误差数量即为秘密信息可嵌入量，所以预测误差扩展技术的嵌入容量及相应失真都可以较为准确地预先计算得出。文献[8]提出了一种利用运动估计和预测误差扩展的可逆视频隐写算法，该算法采用运动估计对视频相邻帧之间的相关性进行量化并得出预测误差，然后使用直方图修改来扩展预测误差。在运动估计和直方图修改阶段，需要额外生成一些用于提取和恢复的辅助信息，这些辅助信息与秘密信息进行组合并嵌入视频载体中。实验结果表明该算法展现出了良好的嵌入容量和视觉质量。文献[9]提出了一种基于运动补偿帧插值误差扩展的可逆视频隐写方法。有别于更常用的运动补偿预测误差，该算法使用的是运动补偿的帧插值误差，因此视频载体的帧间相关性得到了更有效的利用。该算法在嵌入过程中对视频载体造成的失真较小，并且秘密信息提取和视频载体恢复所需的辅助信息量也非常少。

直方图平移技术是目前应用非常广泛的可逆视频隐写技术，该技术基于视频载体的统计特性来实现秘密信息的嵌入和视频载体恢复，同时可以与差值扩展、预测误差扩展等可逆隐写技术结合来进一步改进嵌入性能。在传统的直方图平移算法中，系数的值被单独修改以嵌入数据，一般不会涉及系数之间的相关性。文献[15]为了充分利用系数之间的相关性，提出了一种用于 H.264/AVC 视频的 2D 直方图平移隐写算法。该算法首先从每个可嵌入的 4×4 亮度块中随机选择两个量化的 DCT 交流系数，并把系数对的值分类为非重叠的集合；然后根据系数对的集合，对生成的 2D 直方图进行修改来嵌入数据。当通过加 1 或减 1 修改一个量化 DCT 交流系数的值时，使用传统的直方图平移方法最多只能嵌入 1bit 秘密信息，而采用该算法的方案最多可以同时嵌入 3bit 信息。

随着 3D 视频的应用越来越普及，基于 3D 视频的可逆隐写也开始受到关注。文献[25]提出了一种基于 3D H.264/AVC 视频的可逆隐写方案，用于将秘密数据隐藏到 3D 多视角编码(MVC)视频每个块的运动矢量中。该算法引入内积的思想以实现可逆性，通过建立运动矢量和调制矢量之间的内积并设置相应的嵌入条件，每个运动矢量能够嵌入 1bit 秘密信息。此外，为了避免失真漂移，该算法选择具有 3D MVC 视频编码功能的帧作为嵌入帧。

文献[26]将完全可逆的隐私区域保护概念引入云视频监控中，并提出了一种基于 H.264/AVC 压缩视频的完全可逆的隐私保护算法。该算法所有操作均在压缩域中进行，避免了有损的重新编码，因此可以完全恢复原始的 H.264/AVC 压缩视频。另外，该算法对隐私区域中因嵌入而产生的帧内失真漂移进行了控制，这样既保证了隐私区域的视觉安全性，又保证了非隐私区域不会因为帧内失真漂移而受到影响。

5.2　基于直方图平移的可逆视频隐写技术

5.2.1　概述

直方图平移视频隐写技术一般是先对视频帧的像素值分布进行扫描统计，以生成对应的统计直方图；然后确定该统计直方图的峰值点与零值点，并按照平移规则对视频帧的像素值进行修改以嵌入秘密信息。由于秘密信息的提取过程即为秘密信息嵌入的逆过程，所以在提取时能够实现可逆隐写。

经典直方图平移算法的主要嵌入过程如下。

（1）一般视频帧的尺寸在 176×144 以上，这里为了便于理解，假设视频帧的尺寸为 6×6，像素值 $x \in [0, 9]$，示例视频帧的像素值分布如图 5.1 所示。根据图 5.1 可以生成该帧的像素统计直方图 $h(x)$，如图 5.2 所示。

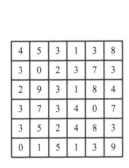

图 5.1　示例视频帧的像素值分布

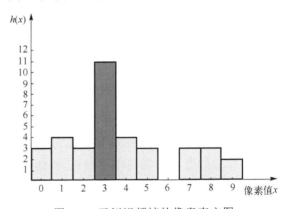

图 5.2　示例视频帧的像素直方图

（2）在直方图 $h(x)$ 中，首先确定出现频率最高的像素值（即峰值点）x_a 以及出现频率最低的像素值（即零值点）x_b。在本例中，$x_a = 3$，$h(x_a) = 11$，$x_b = 6$，$h(x_b) = 0$。

(3) 如果 $x_a < x_b$，则将视频帧直方图中像素值满足 $x \in (x_a, x_b)$ 的部分整体向右移动 1 个单位，即所有满足 $x \in (x_a, x_b)$ 的视频帧像素值加 1。如果 $x_a > x_b$，则将视频帧直方图中像素值满足 $x \in (x_b, x_a)$ 的部分整体向左移动 1 个单位，即所有满足 $x \in (x_b, x_a)$ 的视频帧像素值减 1。在本例中，需要对 $x \in (3, 6)$ 的像素进行修改，即把所有值等于 4 和 5 的像素的值加 1。修改过的示例视频帧的像素值分布如图 5.3 所示，图 5.4 为对应图 5.3 的像素直方图。可以看出，像素值 4 和 5 对应的方块向右移动了一格，此时该帧中没有值为 4 的像素，而出现了值为 6 的像素。

5	6	3	1	3	8
3	0	2	3	7	3
2	9	3	1	8	5
3	7	3	5	0	7
3	6	2	5	8	3
0	1	6	1	3	9

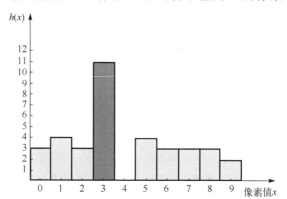

图 5.3　像素值 4 和 5 加 1 后的像素值分布

图 5.4　像素值 4 和 5 加 1 后的像素直方图

(4) 按从上到下、从左至右的顺序扫描整个视频帧，当像素值为 x_a 时，修改该像素值以嵌入秘密信息比特 s。当 $x_a < x_b$ 时，如果 $s = 1$，该像素值变为 $x_a + 1$；如果 $s = 0$，则该像素值保持不变。当 $x_a > x_b$ 时，如果 $s = 1$，该像素值变为 $x_a - 1$；如果 $s = 0$，则该像素值保持不变。在本例中，$x_a = 3$，如果嵌入比特为 1，则该像素值变为 4；如果嵌入比特为 0，则该像素值不变。假设嵌入的秘密信息为 011001，那么嵌入后的示例视频帧的像素值分布如图 5.5 所示，图 5.6 为对应图 5.5 的像素直方图。可以看到，像素值为 3 的像素减少了，同时像素值为 4 的像素相应增多了。示例视频帧中像素值为 3 的像素总共有 11 个，所以该帧最多可以嵌入 11 位秘密信息。

秘密信息的提取可通过秘密信息位数、峰值点及零值点像素值等辅助信息，在提取秘密信息的同时实现对视频载体的还原。直方图平移算法的基本提取过程如下。

(1) 按从上到下、从左至右的顺序扫描整个视频帧，若 $x_a < x_b$，当像素值为 $x_a + 1$ 时，提取信息为 1，当像素值等于 x_a 时，提取信息为 0；若 $x_a > x_b$，当像素值为 $x_a - 1$ 时，提取信息为 1，当像素值等于 x_a 时，提取信息为 0。在本例中，辅助信息还包括秘密信息的位数 6，然后对前 6 个像素值为 3 或 4 的像素进行提取操作，若像素值为 3，则提取 0；若像素值为 4，则提取 1。例如，对图 5.5 的像素值进行以上操作，即可准确提取出秘密信息 011001。

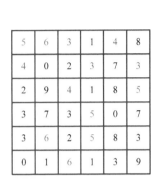

图 5.5　嵌入信息后的像素值分布

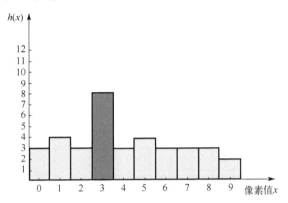

图 5.6　嵌入信息后的像素直方图

（2）再次扫描视频帧，若 $x_a < x_b$，将像素值在 $(x_a, x_b]$ 的像素进行减 1 操作；若 $x_a > x_b$，将像素值在 $[x_b, x_a)$ 的像素进行加 1 操作。在本例中，对像素值在 $(3, 6]$ 的像素进行减 1 操作，即可把像素值恢复到图 5.1 的分布。

根据上面的例子可以看出，直方图平移技术的核心在于：确定直方图的峰值点和零值点；把零值点和峰值点间的像素向零值点方向平移形成空位；对峰值点像素值进行扩展以嵌入秘密信息。由于只有部分峰值点像素值发生了幅度为 1 的改变，因此直方图平移技术具有较高的视觉质量。但因直方图平移技术的嵌入容量与峰值点所对应的像素数量直接相关，而且直方图分布中必须有可用于平移的零值点，所以该方法的嵌入性能不稳定。另外，直方图平移技术在秘密信息提取时需要额外的辅助信息。

现有的直方图平移可逆视频隐写技术一般都会基于常规直方图平移流程进行相应的改进。同时，对于针对压缩视频的可逆隐写算法，直方图平移一般不直接修改像素值，而是选择修改压缩编码过程中的某些系数，如运动矢量、量化变换系数（DCT/DST）等。

文献[16]提出了一种使用二维直方图修改运动矢量的可逆隐写算法。该算法首先将运动矢量的两个分量组成一个嵌入对，并将嵌入对的值分为 17 个非相交集；然后，根据嵌入对所属的集合来修改嵌入对的值，可以将秘密信息嵌入运动矢量。实验结果证明，与以前的同类算法相比，嵌入容量增加了两倍，PSNR 下降了约 5%。

文献[17]提出了一种基于 H.264/AVC 视频的三维直方图平移可逆隐写算法。

该算法首先在 4×4 量化离散余弦变换亮度块中，随机选择三个交流系数作为可嵌入组；然后根据所选系数组的值的差异将它们分为不重叠的集合，并对这些集合分别定义相应的嵌入比特组合，从而实现更大的嵌入容量。

文献[18]提出了一种能够修复 H.264/AVC 视频帧内错误的可逆隐写算法。该算法发现 H.264/AVC 视频中的量化离散余弦变换系数趋近于拉普拉斯分布。基于这一分布的特性，该算法使用直方图平移技术将当前帧的恢复信息嵌入相邻帧的量化离散余弦变换系数中，从而可以在接收端对 H.264/AVC 视频帧中的受损宏块进行修复。

5.2.2　基于二维直方图平移的 H.264/AVC 可逆视频隐写算法

为了增强一维直方图平移技术的嵌入性能，有研究者提出了二维直方图平移技术。二维直方图平移技术需要确定两个峰值点来嵌入秘密信息，并能通过对这两个峰值点组合调制来提升嵌入性能。本节以文献[15]提出的一种改进的双系数关联二维直方图平移算法为例，介绍基于二维直方图平移技术的可逆视频隐写方案。

1. 嵌入位置选择

双系数关联的二维直方图平移算法需要先确定两个系数来组成系数对。根据不同的嵌入位置，这两个系数可以是视频运动矢量的两个分量，或是亮度块中的两个量化变换系数(如 DST 系数或 DCT 系数)等。

我们以 H.264/AVC 视频亮度块中的帧内量化 4×4 DCT 系数作为所介绍的二维直方图平移算法的嵌入位置。由于 DCT 有能量聚集的特点，大部分量化 DCT 系数的值趋向于 0，因此选择量化 DCT 系数中的 0 值系数作为峰值点通常可以获得适于嵌入的系数分布直方图。如图 5.7 所示，我们选择系数对 (Y_{32}, Y_{33}) 作为一个 4×4 DCT 系数块中两个指定位置的 DCT 峰值点系数。

Y_{00}	Y_{01}	Y_{02}	Y_{03}
Y_{10}	Y_{11}	Y_{12}	Y_{13}
Y_{20}	Y_{21}	Y_{22}	Y_{23}
Y_{30}	Y_{31}	Y_{32}	Y_{33}

图 5.7　示例 4×4 DCT 系数块中的嵌入系数对 (Y_{32}, Y_{33})

2. 嵌入与提取过程

1)嵌入过程

系数对 (Y_{32}, Y_{33}) 的值可以划分为 16 个不相交的集合，分别用 S_1, S_2, $\cdots$, S_{16} 表示，定义如下：

$$S_1 = \{(0,0)\}$$

$$S_2 = \{(-1,0)\}$$

$$S_3 = \{(-1,-1)\}$$

$$S_4 = \{(0,-1)\}$$

$$S_5 = \{(Y_{32},0) \,|\, Y_{32} > 0\}$$

$$S_6 = \{(Y_{32},0) \,|\, Y_{32} < -1\}$$

$$S_7 = \{(Y_{32},-1) \,|\, Y_{32} > 0\}$$

$$S_8 = \{(Y_{32},-1) \,|\, Y_{32} < -1\}$$

$$S_9 = \{(0,Y_{33}) \,|\, Y_{33} > 0\}$$

$$S_{10} = \{(0,Y_{33}) \,|\, Y_{33} < -1\}$$

$$S_{11} = \{(-1,Y_{33}) \,|\, Y_{33} > 0\}$$

$$S_{12} = \{(-1,Y_{33}) \,|\, Y_{33} < -1\}$$

$$S_{13} = \{(Y_{32},Y_{33}) \,|\, Y_{32} > 0, Y_{33} > 0\}$$

$$S_{14} = \{(Y_{32},Y_{33}) \,|\, Y_{32} > 0, Y_{33} < -1\}$$

$$S_{15} = \{(Y_{32},Y_{33}) \,|\, Y_{32} < -1, Y_{33} > 0\}$$

$$S_{16} = \{(Y_{32},Y_{33}) \,|\, Y_{32} < -1, Y_{33} < -1\}$$

根据上述定义，以量化 DCT 系数对 (Y_{32}, Y_{33}) 为例进行秘密信息的嵌入，设待嵌入的 2bit 秘密信息为 m_1 和 m_2，嵌入后的量化 DCT 系数对为 (X_{32}, X_{33})，调制过程如下。

(1)情况 1。

如果 $(Y_{32}, Y_{33}) \in S_1$，那么

$$(X_{32}, X_{33}) = \begin{cases} (0,0), & m_1 m_2 = 00 \\ (0,1), & m_1 m_2 = 01 \\ (1,0), & m_1 m_2 = 10 \\ (0,-1), & m_1 m_2 = 11 \end{cases}$$

(2)情况 2。

如果 $(Y_{32}, Y_{33}) \in S_2$，那么

$$(X_{32}, X_{33}) = \begin{cases} (-1,0), & m_1 m_2 = 00 \\ (-1,1), & m_1 m_2 = 01 \\ (-2,0), & m_1 m_2 = 10 \\ (-1,-1), & m_1 m_2 = 11 \end{cases}$$

（3）情况 3。

如果 $(Y_{32}, Y_{33}) \in S_3 \bigcup S_8$，那么

$$(X_{32}, X_{33}) = \begin{cases} (Y_{32}-1,-1), & m_1 = 0 \\ (Y_{32},-2), & m_1 = 1 \end{cases}$$

（4）情况 4。

如果 $(Y_{32}, Y_{33}) \in S_4 \bigcup S_7$，那么

$$(X_{32}, X_{33}) = \begin{cases} (Y_{32}+1,-1), & m_1 = 0 \\ (Y_{32},-2), & m_1 = 1 \end{cases}$$

（5）情况 5。

如果 $(Y_{32}, Y_{33}) \in S_5$，那么

$$(X_{32}, X_{33}) = \begin{cases} (Y_{32}+1,0), & m_1 = 0 \\ (Y_{32},1), & m_1 = 1 \end{cases}$$

（6）情况 6。

如果 $(Y_{32}, Y_{33}) \in S_6$，那么

$$(X_{32}, X_{33}) = \begin{cases} (Y_{32}-1,0), & m_1 = 0 \\ (Y_{32},1), & m_1 = 1 \end{cases}$$

（7）情况 7。

如果 $(Y_{32}, Y_{33}) \in S_9$，那么

$$(X_{32}, X_{33}) = \begin{cases} (0,Y_{33}+1), & m_1 = 0 \\ (1,Y_{33}+1), & m_1 = 1 \end{cases}$$

（8）情况 8。

如果 $(Y_{32}, Y_{33}) \in S_{10}$，那么

$$(X_{32}, X_{33}) = \begin{cases} (0,Y_{33}-1), & m_1 = 0 \\ (1,Y_{33}-1), & m_1 = 1 \end{cases}$$

（9）情况 9。

如果 $(Y_{32}, Y_{33}) \in S_{11}$，那么

$$(X_{32}, X_{33}) = \begin{cases} (-1, Y_{33} + 1), & m_1 = 0 \\ (-2, Y_{33} + 1), & m_1 = 1 \end{cases}$$

（10）情况 10。

如果 $(Y_{32}, Y_{33}) \in S_{12}$，那么

$$(X_{32}, X_{33}) = \begin{cases} (-1, Y_{33} - 1), & m_1 = 0 \\ (-2, Y_{33} - 1), & m_1 = 1 \end{cases}$$

（11）情况 11。

如果 $(Y_{32}, Y_{33}) \in S_{13}$，那么

$$(X_{32}, X_{33}) = (Y_{32} + 1, Y_{33} + 1)$$

（12）情况 12。

如果 $(Y_{32}, Y_{33}) \in S_{14}$，那么

$$(X_{32}, X_{33}) = (Y_{32} + 1, Y_{33} - 1)$$

（13）情况 13。

如果 $(Y_{32}, Y_{33}) \in S_{15}$，那么

$$(X_{32}, X_{33}) = (Y_{32} - 1, Y_{33} + 1)$$

（14）情况 14。

如果 $(Y_{32}, Y_{33}) \in S_{16}$，那么

$$(X_{32}, X_{33}) = (Y_{32} - 1, Y_{33} - 1)$$

由于 DCT 的特点，4×4 DCT 系数块中右下角系数为 0 的概率较高，那么系数对 (Y_{32}, Y_{33}) 大部分情况下会与情况 1 一致，即通常情况下只需要修改 1bit DCT 系数值，就能够嵌入 2bit 秘密信息，因而二维直方图平移技术比一维直方图平移技术的嵌入性能要好。

2）提取过程

前面设定的 S_1，S_2，…，S_{16} 这 16 个集合的取值范围是互不相交的，而给出的 14 种情况下修改后的 (X_{32}, X_{33}) 的取值范围同样互不相交，所以根据提取的 (X_{32}, X_{33}) 值能够判断出对应的 14 种嵌入情况，然后准确提取出秘密信息 m_1 和 m_2，并把 (X_{32}, X_{33}) 恢复成原系数对 (Y_{32}, Y_{33})，实现可逆隐写的目的。

为了便于理解，举例如下。

（1）假设 $(Y_{32}, Y_{33}) = (0, 0)$，那么该系数对属于定义集合中的 S_1，并且根据情况 1 可以嵌入 2bit 秘密信息，此处假设秘密信息为 01，则修改后的系数对 $(X_{32},$

$X_{33})=(0,1)$。在提取时，若$(X_{32}, X_{33})=(0,1)$，由于$(0,1)$对应情况 1，所以能够正确提取出秘密信息 01，同时还原系数对$(Y_{32}, Y_{33})=(0,0)$。

（2）假设$(Y_{32}, Y_{33})=(1,0)$，那么该系数对属于定义集合中的S_5，并且根据情况 5 可以嵌入 1bit 秘密信息，此处假设秘密信息为 1，则修改后的系数对$(X_{32}, X_{33})=(1,1)$。由于S_5的取值范围是$(>0,0)$，那么对应的情况 5 的系数对(X_{32}, X_{33})的取值范围是$(>0, 0$ 或 $1)$。在提取时，若$(X_{32}, X_{33})=(1,1)$，由于$(1,1)$符合情况 5 的取值范围，所以根据情况 5 能够正确提取出秘密信息 1，同时还原系数对$(Y_{32}, Y_{33})=(1,0)$。

（3）假设$(Y_{32}, Y_{33})=(1,1)$，那么该系数对属于定义集合中的S_{13}，并且根据情况 11，该系数对不用于嵌入秘密信息，而只用于恢复视频载体，则修改后的系数对$(X_{32}, X_{33})=(2,2)$。由于S_{13}的取值范围是$(>0, >0)$，那么对应的情况 11 的系数对(X_{32}, X_{33})的取值范围是$(>1, >1)$。在提取时，若$(X_{32}, X_{33})=(2,2)$，由于$(2,2)$符合情况 11 的取值范围，所以根据情况 11 能够正确还原系数对$(Y_{32}, Y_{33})=(1,1)$。

依据上述调制方法，我们还可以定义出其他组不相交的系数对集合，设计出类似的基于 H.264/AVC 视频亮度 DCT 系数的二维直方图平移算法甚至三维直方图平移算法。但扩充系数修改的范围会相应地降低视频载体的视觉质量。

5.2.3　性能测试与评价

为了更好地展示双系数关联二维直方图平移算法（简称改进的二维直方图算法）的性能，本节使用了经典二维直方图平移算法（未进行双系数关联）和同样经过系数调制的改进的三维直方图平移算法进行对比。二维直方图平移算法选择嵌入的量化 DCT 系数对为(Y_{32}, Y_{33})，三维直方图平移算法选择嵌入的量化 DCT 系数组为(Y_{23}, Y_{32}, Y_{33})。算法在 H.264/AVC 视频标准编解码软件 JM 8.0 上进行实验，每个测试视频编码了 300 帧且编码帧率是 30 帧/s，编码 I 帧间隔为 15，共计编码 20 个 I 帧；量化参数为 28。测试视频序列是分辨率为 176×144 的 Akiyo、Container、Claire、Salesman、Coastguard 共 5 个标准测试视频。每个测试视频的 PSNR 值和 SSIM 值由嵌入视频帧与原始视频帧对比计算求出并且是 20 个 I 帧的平均值，嵌入容量是 20 个 I 帧的平均每帧嵌入比特数。

为了控制嵌入过程中产生的失真漂移，使用了判断条件来选择不会产生失真漂移的 DCT 系数块进行嵌入（失真漂移相关方法参看第 4 章）。

表 5.1 和表 5.2 中改进的二维直方图平移算法的 PSNR 平均值为 47.71dB，SSIM 平均值为 0.98272；改进的三维直方图平移算法的 PSNR 平均值为 45.04dB 以及 SSIM 平均值为 0.97366。可以看出改进的二维直方图平移算法的 PSNR 值和 SSIM 值都是最高的，具有较好的不可感知性；改进的三维直方图平移算法由于

修改的 DCT 系数最多，视觉质量相应也最差，图 5.8 和图 5.9 分别给出了测试视频 Akiyo 和 Claire 的改进的二维直方图平移算法嵌入前后的视觉效果对照图，可以看出，改进的二维直方图平移算法具有较好的视觉质量。

表 5.1　实验对比结果（PSNR）　　　　　　　　（单位：dB）

项目	改进的二维直方图平移算法	经典二维直方图平移算法	改进的三维直方图平移算法
Akiyo 序列	47.12	45.07	44.73
Container 序列	47.56	45.66	45.03
Claire 序列	48.21	46.41	45.51
Salesman 序列	47.55	46.02	44.66
Coastguard 序列	48.10	46.79	45.27
平均值	47.71	45.99	45.04

表 5.2　实验对比结果（SSIM）

项目	改进的二维直方图平移算法	经典二维直方图平移算法	改进的三维直方图平移算法
Akiyo 序列	0.98249	0.97564	0.97236
Container 序列	0.98311	0.97695	0.97321
Claire 序列	0.98315	0.97701	0.97355
Salesman 序列	0.98150	0.97612	0.97554
Coastguard 序列	0.98336	0.97713	0.97365
平均值	0.98272	0.97657	0.97366

（a）Akiyo 原始视频帧　　　　（b）Akiyo 嵌入视频帧

图 5.8　Akiyo 的改进的二维直方图平移算法嵌入前后视觉效果对照图

（a）Claire 原始视频帧　　　　（b）Claire 嵌入视频帧

图 5.9　Claire 的改进的二维直方图平移算法嵌入前后视觉效果对照图

表 5.3 是改进的二维直方图平移算法与其他直方图平移算法的嵌入容量对比结果。可以看到，改进的三维直方图平移算法的嵌入容量平均值为 2718bit/帧，因为其用于嵌入的 DCT 系数最多，所以具有较高的嵌入容量；而改进的二维直方图平移算法的嵌入容量平均值为 1926bit/帧，嵌入容量较低，因为有部分 DCT 系数用于调制而非嵌入。

表 5.3　实验对比结果（嵌入容量）　　　　　　　　（单位：bit/帧）

项目	改进的二维直方图平移算法	经典二维直方图平移算法	改进的三维直方图平移算法
Akiyo 序列	2656	2876	3456
Container 序列	1851	1920	2587
Claire 序列	1717	1826	2473
Salesman 序列	1789	1988	2712
Coastguard 序列	1615	1738	2362
平均值	1926	2070	2718

在实际应用中，应该通过具体分析视频隐写的运用场景和需求，来选择适合的直方图平移可逆视频隐写技术。对于二维直方图平移或三维直方图平移算法而言，不同的系数调制方法对嵌入性能的提升也会不同。

5.3　基于单系数法的可逆视频隐写技术

5.3.1　概述

虽然单系数法只需修改 1 个系数即可实现可逆隐写，但是该方法的嵌入容量取决于选定系数满足额定值的频率，因此在使用该方法时，最好对系数值的分布规律有一定的了解。例如，对于 H.264/AVC 或 H.265/HEVC 视频，其 4×4 亮度块的右下角系数的值通常为 0，因此在使用单系数法选择对 4×4 亮度块的右下角系数进行嵌入时，规定系数值等于 0 时进行秘密信息嵌入能够获得相对比较高的嵌入容量。尽管如此，单系数法的嵌入容量依然比较有限。为了进一步提高嵌入容量，也可以选择整个 4×4 亮度块中的多个系数作为嵌入对象。为了便于理解，这里只选择用单个系数作为嵌入对象。

文献[22]把秘密信息嵌入 H.264/AVC 视频 4×4 亮度块的单个量化 DCT 系数中，并定义了嵌入条件来控制帧内失真漂移，以获得较好的视觉质量，同时利用秘密共享技术增强了算法的鲁棒性。

文献[23]同样对 H.264/AVC 视频 4×4 亮度块的量化 DCT 系数进行修改，为了增加嵌入容量，该算法将两个 4×4 亮度块中的 DCT 系数进行配对，在修改 2bit 系数值的同时嵌入 3bit 秘密信息。但是该算法没有解决失真漂移问题。

文献[24]针对 H.265/HEVC 视频，把秘密信息嵌入 4×4 亮度块的单个量化 DST 系数中，并利用系数补偿方法解决了帧内失真漂移问题，但是由于采用的系数补偿方法所需要额外修改的补偿系数数量较多，对算法的视觉质量造成了较大影响，嵌入容量也比较小。

5.3.2　基于单系数法的 H.264/AVC 可逆视频隐写算法

本节以 H.264/AVC 视频亮度块中的帧内量化 4×4 DCT 系数为例，介绍单系数法的实现过程。下面从控制帧内失真漂移、嵌入与提取过程两部分进行介绍。

1. 控制帧内失真漂移

一个 4×4 亮度块的帧内失真漂移是指该块被嵌入秘密信息后其边缘像素值会产生失真，而其周边块在帧内预测过程中会参考这些边缘像素值并使失真进一步累积。然而如果当前块的预测值计算不采用嵌入秘密信息的邻块的边缘像素值，那么帧内失真漂移就能避免。为了方便起见，给出当前块的几个邻块的条件定义。

条件 5.1　右邻块 $\in \{0,3,7\}_{4\times4} \bigcup \{0\}_{16\times16}$，即右邻块的帧内预测模式是 0,3,7 的 4×4 亮度块，或者右邻块的帧内预测模式是 0 的 16×16 亮度块。

条件 5.2　左下邻块 $\in \{0,1,2,4,5,6,8\}_{4\times4} \bigcup \{0,1,2,3\}_{16\times16}$，下邻块 $\in \{0,8\}_{4\times4} \bigcup \{1\}_{16\times16}$，即左下邻块的帧内预测模式是 0,1,2,4,5,6,8 的 4×4 亮度块，或者左下邻块的帧内预测模式是 0,1,2,3 的 16×16 亮度块；下邻块的帧内预测模式是 0,8 的 4×4 亮度块，或者下邻块帧内预测模式是 1 的 16×16 亮度块。

条件 5.3　右下邻块 $\in \{0,1,2,3,7,8\}_{4\times4} \bigcup \{0,1,2,3\}_{16\times16}$，即右下邻块的帧内预测模式是 0,1,2,3,7,8 的 4×4 亮度块，或者右下邻块的帧内预测模式是 0,1,2,3 的 16×16 亮度块。

基于以上定义，对一个 4×4 亮度块来说，如果当前块满足条件 5.1，则在该 4×4 亮度块内嵌入秘密信息所导致的块内误差不会通过最右边的像素值传递到其右邻块中，因为该列像素值不用作参考像素；若当前 4×4 亮度块满足条件 5.2，那么在该块内嵌入秘密信息所导致的块内误差不会通过最下边的像素值传递到其左下与下邻块中，因为该行像素值不用作参考像素；若当前 4×4 亮度块满足条件 5.3，则该块右下角的像素值不用作参考像素，所以在该块内嵌入秘密信息所导致的块内误差不会通过右下角的像素值传递到其右下邻块。

而且，如果当前块的邻块的边缘像素值都不作为当前块的预测值使用，那么在此邻块的任意一个像素嵌入秘密信息，嵌入引起的误差都不会传递到当前块。

例如，若一个 4×4 亮度块同时满足条件 5.1、条件 5.2 和条件 5.3，那么在该块嵌入秘密信息所导致的误差不会通过像素预测传递到周边块。

因此，本节在秘密信息嵌入之前，首先选择同时满足条件 5.1、条件 5.2 和条件 5.3 的 4×4 亮度块作为嵌入块来控制帧内失真漂移。

2. 嵌入与提取过程

下面选择以无帧内失真漂移亮度块中的量化 4×4 DCT 系数为例（图 5.10），介绍单系数法的嵌入与提取过程。

Y_{00}	Y_{01}	Y_{02}	Y_{03}
Y_{10}	Y_{11}	Y_{12}	Y_{13}
Y_{20}	Y_{21}	Y_{22}	Y_{23}
Y_{30}	Y_{31}	Y_{32}	Y_{33}

图 5.10　示例 4×4 亮度块中的 DCT 系数

1）嵌入过程

（1）选择一个量化 DCT 系数 $Y_{ij}(i, j = 0, 1, 2, 3)$ 和一个正整数 N。

（2）首先判断系数 Y_{ij} 的绝对值是否等于 N。如果 Y_{ij} 的绝对值不等于 N，则根据式（5.12）得到修改后的系数 X_{ij}；如果 Y_{ij} 的绝对值等于 N 且嵌入的秘密信息为 1，则根据式（5.13）得到修改后的系数 X_{ij}；如果 Y_{ij} 的绝对值等于 N 且嵌入的秘密信息为 0，则不需要变动，$X_{ij}=Y_{ij}$。

$$X_{ij} = \begin{cases} Y_{ij} + 1, & Y_{ij} \geq 0 且 |Y_{ij}| > N \\ Y_{ij} - 1, & Y_{ij} < 0 且 |Y_{ij}| > N \\ Y_{ij}, & |Y_{ij}| < N \end{cases} \qquad (5.12)$$

$$X_{ij} = \begin{cases} Y_{ij} + 1, & Y_{ij} \geq 0 \\ Y_{ij} - 1, & Y_{ij} < 0 \end{cases} \qquad (5.13)$$

2）提取过程

（1）接收方根据获得的 i、j，找出 4×4 亮度块中对应位置的量化 DCT 系数 X_{ij}。

（2）判断系数 X_{ij} 的绝对值是否等于 N 或者 $N+1$。如果 X_{ij} 的绝对值不等于 N 或者 $N+1$，则根据式（5.14）恢复原系数 Y_{ij}；如果 X_{ij} 的绝对值等于 $N+1$，则根据式（5.15）恢复原系数 Y_{ij}，同时提取出秘密信息为 1；如果 X_{ij} 的绝对值等于 N，则不需要对 X_{ij} 进行变动，同时提取出秘密信息为 0。

$$Y_{ij} = \begin{cases} X_{ij} - 1, & X_{ij} \geq 0 且 |X_{ij}| > N+1 \\ X_{ij} + 1, & X_{ij} < 0 且 |X_{ij}| > N+1 \\ X_{ij}, & |X_{ij}| < N \end{cases} \qquad (5.14)$$

$$Y_{ij} = \begin{cases} X_{ij} - 1, & X_{ij} \geqslant 0 \\ X_{ij} + 1, & X_{ij} < 0 \end{cases} \tag{5.15}$$

为了便于理解，以量化 DCT 系数 Y_{33} 为例，并设 $N = 0$。

在嵌入过程中，如果 $Y_{33} = 0$，那么可以嵌入 1bit 信息。如果秘密信息为 0，那么 $X_{33} = 0$；如果秘密信息为 1，那么 $X_{33} = 1$。如果 Y_{33} 不等于 0，那么只对 Y_{33} 进行修改。如果 $Y_{33} > 0$，那么 $X_{33} = Y_{33} + 1$；如果 $Y_{33} < 0$，那么 $X_{33} = Y_{33} - 1$。

在提取过程中，如果 X_{33} 等于 0 或 1，直接将 Y_{33} 恢复为 0，同时可以提取 1bit 信息。如果 $X_{33} = 0$，那么提取秘密信息为 0；如果 $X_{33} = 1$，那么提取秘密信息为 1。如果 X_{33} 不等于 0 或 1，同样分两种情况进行复原。如果 $X_{33} > 1$，那么 $Y_{33} = X_{33} - 1$；如果 $X_{33} < -1$，那么 $Y_{33} = X_{33} + 1$。

单系数法实现简单，只需修改 1 个系数就可以实现可逆隐写，而且其嵌入容量也取决于该系数绝对值等于 N 的频率，因此在使用该方法时，需要对系数值的统计规律有一定的了解，或者预先对系数值进行分析。例如，对于 H.264/AVC 视频，由于 DCT 及量化过程的特点（DCT 系数矩阵的左上角是低频系数，右下角是高频系数，高频系数的值倾向于为 0），4×4 亮度块的量化 DCT 系数中 Y_{33} 的值通常为 0，因此在使用单系数法对量化 DCT 系数进行嵌入时，取 $N = 0$ 就能够获得相对比较高的嵌入容量。

5.3.3　性能测试与评价

为了比较单系数法应用在不同量化 DCT 系数上的差异，我们分别选择了 4 个量化 DCT 系数 Y_{00}、Y_{11}、Y_{22}、Y_{33} 进行秘密信息的嵌入来展示各算法的性能。算法在 H.264/AVC 视频标准编解码软件 JM 8.0 上进行实验，每个测试视频编码了 300 帧且编码帧率是 30 帧/s，编码 I 帧间隔为 15，共计编码 20 个 I 帧；量化参数为 28。测试视频序列是分辨率为 176×144 的 Mobile、Container、News、Salesman、Coastguard 等动态性互不相同的标准测试视频。每个测试视频的 PSNR 值由嵌入视频帧与原始视频帧对比计算求出，并且是 20 个 I 帧的平均值，嵌入容量是 20 个 I 帧的平均每帧嵌入比特数。

表 5.4 给出了以测试视频 Mobile 为例，对于不同 N 值的嵌入性能。对于不同的量化 DCT 系数，嵌入容量基本随着 N 值的增大而降低，这是因为 H.264/AVC 视频优秀的压缩性能使绝大多数的量化 DCT 系数值为 0。当 $N = 0$ 时，嵌入容量随着 Y_{00}、Y_{11}、Y_{22}、Y_{33} 的顺序递增，这是由于高频系数比低频系数更倾向于等于 0 的缘故。当 $N = 0$ 时，量化 DCT 系数 Y_{00} 的嵌入容量是 0bit，说明在该视频序列的变换、量化过程中 Y_{00} 不等于 0。表 5.4 也给出了不同的 N 值下 PSNR 的变化。

可以看出，视觉质量随着 Y_{00}、Y_{11}、Y_{22}、Y_{33} 的顺序递增，这是因为对低频系数的修改产生的视觉影响通常要大于高频系数。尽管在 $N = 2$ 时，嵌入 Y_{33} 具有最高的 PSNR 值（83.51dB），但是嵌入容量过低；在 $N = 0$ 时嵌入 Y_{33} 具有最高的嵌入容量（1442bit），同时 51.08dB 的 PSNR 值也表现出了较好的视觉质量。

表 5.4　不同 N 值的嵌入性能

嵌入系数	N	嵌入容量/bit	PSNR/dB
Y_{00}	0	0	48.32
	1	598	49.2
	2	363	50.87
Y_{11}	0	576	49.06
	1	479	51.11
	2	270	53.67
Y_{22}	0	887	49.54
	1	495	53.29
	2	191	58.07
Y_{33}	0	1442	51.08
	1	210	60.35
	2	21	83.51

表 5.5 给出了 $N = 0$ 时各测试视频序列的嵌入性能（由于量化 DCT 系数 Y_{00} 的嵌入容量普遍过低，故略去）。测试视频 Mobile、Container、News、Salesman 和 Coastguard 的比特率分别为 2001.59bit/s、754.91bit/s、825.01bit/s、860.38bit/s、858.74bit/s。在系数 Y_{11}、Y_{22}、Y_{33} 嵌入的 5 个测试视频的 PSNR 平均值分别为 50.00dB、50.93dB、52.72dB，从 PSNR 值可以看出，单系数法具有较好的视觉效果。嵌入容量随着 Y_{11}、Y_{22}、Y_{33} 的顺序升高，这是因为 DCT 系数等于 0 的概率也随着 Y_{11}、Y_{22}、Y_{33} 的顺序增大。这 5 个测试视频在系数 Y_{11}、Y_{22}、Y_{33} 的平均嵌入容量分别为 576bit、779.4bit、1023.4bit。

表 5.5　当 $N = 0$ 时的嵌入性能

视频序列		Y_{33}	Y_{22}	Y_{11}
Mobile	PSNR/dB	51.08	49.54	49.06
	嵌入容量/bit	1442	887	576
	比特率增加率/%	0.6	0.3	0.15
	比特率/(bit/s)	2001.59	2001.59	2001.59
Container	PSNR/dB	53.31	51.22	50.01

续表

视频序列		Y_{33}	Y_{22}	Y_{11}
Container	嵌入容量/bit	962	715	482
	比特率增加率/%	1.06	0.76	0.45
	比特率/(bit/s)	754.91	754.91	754.91
News	PSNR/dB	53.72	52.12	52.23
	嵌入容量/bit	892	647	522
	比特率增加率/%	1.21	0.90	0.45
	比特率/(bit/s)	825.01	825.01	825.01
Salesman	PSNR/dB	52.63	50.57	49.35
	嵌入容量/bit	966	894	690
	比特率增加率/%	1.51	0.6	0.91
	比特率/(bit/s)	860.38	860.38	860.38
Coastguard	PSNR/dB	52.88	51.18	49.38
	嵌入容量/bit	855	754	610
	比特率增加率/%	1.06	0.76	0.45
	比特率/(bit/s)	858.74	858.74	858.74

图 5.11 和图 5.12 分别给出了测试视频 Coastguard 和 Container 嵌入前后视觉效果对照图。可以看出，单系数法具有较好的不可感知性。

(a) Coastguard 原始视频帧　　　　　　　　(b) Coastguard 嵌入视频帧

图 5.11　Coastguard 嵌入前后视觉效果对照图

从以上实验可以看出，提取后的嵌入视频均被完全还原为原始视频，并且嵌入信息也被准确提取。不同的系数所对应的嵌入容量不同，挑选出最优的系数和 N 值进行嵌入至关重要，单系数法作为可逆视频隐写算法具有较好的视觉质量。

（a）Container 原始视频帧　　　　　　　（b）Container 嵌入视频帧

图 5.12　Container 嵌入前后视觉效果对照图

参 考 文 献

[1] Ali M A, Edirisinghe E A. Multi-layer watermarking of H.264/AVC video using differential expansion on IPCM blocks. 2011 IEEE International Conference on Consumer Electronics, Las Vegas, 2011: 53-54.

[2] Kim H, Kang S U. Genuine reversible data hiding technology using compensation for H.264 bitstreams. Multimedia Tools and Applications, 2018, 77(7): 8043-8060.

[3] Dragoi I C, Coltuc D. Local-prediction-based difference expansion reversible watermarking. IEEE Transactions on Image Processing, 2014, 23(4): 1779-1790.

[4] Yoshida T, Suzuki T, Ikehara M. Adaptive reversible data hiding via integer-to-integer subband transform and adaptive generalized difference expansion method. IEICE Transactions on Fundamentals of Electronics, Communications and Computer Sciences, 2014, 97(1): 384-392.

[5] Jawad K, Khan A. Genetic algorithm and difference expansion based reversible watermarking for relational databases. Journal of Systems and Software, 2013, 86(11): 2742-2753.

[6] Gujjunoori S, Oruganti M. Difference expansion based reversible data embedding and edge detection. Multimedia Tools and Applications, 2019, 78(18): 25889-25917.

[7] Tang X X, Wang H X, Chen Y. Reversible data hiding based on a modified difference expansion for H.264/AVC video streams. Multimedia Tools and Applications, 2020, 79(39/40): 28661-28674.

[8] Zeng X, Chen Z, Chen M, et al. Reversible video watermarking using motion estimation and prediction error expansion. Journal of Information Science and Engineering, 2011, 27(2): 465-479.

[9] Vural C, Baraklı B. Reversible video watermarking using motion-compensated frame interpolation error expansion. Signal, Image and Video Processing, 2015, 9(7): 1613-1623.

[10] Acharjee S, Chakraborty S, Samanta S, et al. Highly secured multilayered motion vector watermarking. International Conference on Advanced Machine Learning Technologies and Applications, Cairo, 2014: 121-134.

[11] Vural C, Baraklı B. Adaptive reversible video watermarking based on motion-compensated prediction error expansion with pixel selection. Signal, Image and Video Processing, 2016, 10(7): 1225-1232.

[12] Li X, Yang B, Zeng T. Efficient reversible watermarking based on adaptive prediction-error expansion and pixel selection. IEEE Transactions on Image Processing: A Publication of the IEEE Signal Processing Society, 2011, 20(12): 3524-3533.

[13] Li S G, Zhang F B. Video watermarking algorithm based on pixel evaluation and motion compensated prediction error extension. Packaging Engineering, 2018, 39(19): 204-211.

[14] He W G, Cai Z C. An insight into pixel value ordering prediction-based prediction-error expansion. IEEE Transactions on Information Forensics and Security, 2020, 15: 3859-3871.

[15] Zhao J, Li Z T, Feng B. A novel two-dimensional histogram modification for reversible data embedding into stereo H.264 video. Multimedia Tools and Applications, 2016, 75(10): 5959-5980.

[16] Li D, Zhang Y N, Li X C, et al. Two-dimensional histogram modification based reversible data hiding using motion vector for H.264. Multimedia Tools and Applications, 2019, 78(7): 8167-8181.

[17] Zhao J, Li Z T. Three-dimensional histogram shifting for reversible data hiding. Multimedia Systems, 2018, 24(1): 95-109.

[18] Chung K L, Huang Y H, Chang P C, et al. Reversible data hiding-based approach for intra-frame error concealment in H.264/AVC. IEEE Transactions on Circuits and Systems for Video Technology, 2010, 20(11): 1643-1647.

[19] Kang J, Kim H, Kang S U. Genuine reversible data hiding technique for H.264 bitstream using multi-dimensional histogram shifting technology on QDCT coefficients. Applied Sciences, 2020, 10(18): 6410.

[20] Xu D, Wang R. An improved reversible data hiding-based approach for intra-frame error concealment in H.264/AVC. Signal Processing Image Communication, 2016, 47: 369-379.

[21] Xu Y Z, He J H. Two-dimensional histogram shifting-based reversible data hiding for H.264/AVC video. Applied Sciences, 2020, 10(10): 3375.

[22] Liu Y X, Chen L, Hu M S, et al. A reversible data hiding method for H.264 with Shamir's

(*t*, *n*)-threshold secret sharing. Neurocomputing, 2016, 188: 63-70.

[23] Chen Y, Wang H X, Wu H Z, et al. Reversible video data hiding using zero QDCT coefficient-pairs. Multimedia Tools and Applications, 2019, 78(16): 23097-23115.

[24] Liu S, Liu Y X, Feng C, et al. A reversible data hiding method based on HEVC without distortion drift. International Conference on Intelligent Computing, Liverpool, 2017: 613-624.

[25] Song G H, Li Z T, Zhao J, et al. A reversible video steganography algorithm for MVC based on motion vector. Multimedia Tools and Applications, 2015, 74(11):3759-3782.

[26] Ma X J, Yang L T, Xiang Y, et al. Fully reversible privacy region protection for cloud video surveillance. IEEE Transactions on Cloud Computing, 2017, 5(3): 510-522.

第6章 鲁棒视频隐写技术

6.1 引 言

隐藏了秘密信息的 H.264/AVC 或 H.265/HEVC 视频在网络上传输时，一方面，可能会因恶劣的物理环境而产生丢包、丢帧或比特错导致秘密信息无法恢复；另一方面，也可能会遭到某些网络攻击（如篡改、重放、重量化或重编码等）导致秘密信息无法恢复。这些恶意与非恶意的攻击为视频隐写算法的实现带来了很大的挑战，因此，设计高安全性与强鲁棒性的视频隐写算法是视频隐写技术的关键问题。

本章基于鲁棒视频隐写技术的特征，详细介绍基于 BCH 码、秘密共享、多秘密共享的视频隐写算法，用于抵御视频载体在网络传输过程中遭遇的误码、丢包、重量化等攻击。其中，6.2 节介绍基于 BCH 码的视频隐写技术，6.3 节介绍基于秘密共享的视频隐写技术，6.4 节介绍基于多秘密共享的视频隐写技术。

6.2 基于 BCH 码的视频隐写技术

6.2.1 概述

为了更好地介绍基于 BCH 码的视频隐写技术，首先介绍几个相关概念。

重量化攻击：针对视频信号的一种常见攻击方式，攻击者一般先对视频流进行解码，恢复出未压缩的视频信号；然后针对解压出来的信号篡改其中量化参数 QP 的值再重新编码为压缩文件。重量化攻击可导致嵌入比特出错（误码）。

重编码攻击：针对视频信号的一种常见攻击方式，攻击者一般先对视频流进行解码，恢复出未压缩的视频信号；然后将解压出来的信号重新编码为压缩文件。重编码攻击也可导致嵌入比特出错（误码）。

图 6.1 所示为网络视频受到重编码和重量化攻击的情形。

对视频来说，出现比特出错的原因一般是遭到视频处理、恶意攻击、帧篡改等导致秘密信息的比特错误，帧信息错误导致秘密信息无法提取。BCH 码是对抗

图 6.1　网络视频受到的重编码和重量化攻击

比特错误的一个强有力的工具。大多数文献中的算法将 BCH 码应用于数字水印或者图像信息隐藏[1,2]，除此之外，以视频为载体的基于 BCH 码的视频隐写算法近年来也大量涌现。由于 BCH 码可有效地恢复含秘视频在网络传输过程中发生的比特错误，因此可以提高视频隐写算法的安全性和隐私性。文献[3]提出了一种基于 H.264/AVC 的鲁棒视频隐写算法，首先利用 BCH 码(n, k, t)的 $(4, 7, 1)$、$(15, 5, 3)$ 和 $(63, 7, 15)$ 对嵌入的秘密信息进行编码；再利用耦合系数对与预测模式控制帧内失真漂移。实验结果表明，该隐写算法可有效地抵御重量化、重编码等攻击造成的秘密信息误码损失，同时 BCH 码参数 $(63, 7, 15)$在三种参数 $(4, 7, 1)$、$(15, 5, 3)$ 和 $(63, 7, 15)$ 中具有最高的错误码恢复性能。基于文献[3]的算法，文献[4]提出了一种利用 BCH 码和秘密共享相结合的方式对秘密信息进行加密编码的鲁棒视频隐写算法，该算法嵌入秘密信息到 4×4 亮度块的 DCT 系数中，具有比文献[3]的算法更高的鲁棒性能，既可以抵御重编码/重量化攻击，也可以有效地抵御丢包、丢帧等情况，但由于产生了较多加密编码冗余而影响了嵌入容量。文献[5]先利用 BCH 码 $(15, 11)$ 对秘密信息进行预编码；再将编码后的信息嵌入视频帧 DWT 域的中频和高频系数中实现嵌入率为28%的大嵌入容量算法。文献[6]通过将 KLT 追踪算法和 BCH 码相结合的方式，利用视频内部人脸部区域进行秘密信息的嵌入，提高视频载体的不可感知性。还有一些隐写算法将 BCH 码应用到 H.265/HEVC 编码视频上，如文献[7]将 BCH 码和无帧内失真漂移隐写算法相结合，提出了一种适用于 H.265/HEVC 的鲁棒高视觉质量的视频隐写算法。

6.2.2　基于 BCH 码的 H.264/AVC 视频隐写算法

本节以文献[3]为例，介绍基于 BCH 码的 H.264/AVC 视频隐写算法。下面从
BCH 码数学原理、嵌入与提取过程两部分进行介绍。

1. BCH 码数学原理

BCH 编码是一种可纠正多比特错误的循环校验编码方案。由于 BCH 编码具
有严格的代数结构、良好的性质，因此在纠错编码方面有着极其重要的地位，是
目前研究中最为详尽、透彻，取得研究成果最多的码类之一。

若二元 $\mathrm{BCH}(n, k, t)$ 能纠正 t 个错误，其中，n 为码长，k 为信息位长度，则
$\mathrm{BCH}(n, k, t)$ 码的校验矩阵为

$$H = \begin{bmatrix} 1 & \alpha & \alpha^2 & \cdots & \alpha^{n-1} \\ 1 & \alpha^3 & (\alpha^3)^2 & \cdots & (\alpha^3)^{n-1} \\ \vdots & \vdots & \vdots & & \vdots \\ 1 & \alpha^{2t-1} & (\alpha^{2t-1})^2 & \cdots & (\alpha^{2t-1})^{n-1} \end{bmatrix} \tag{6.1}$$

其中，α 是 $\mathrm{GF}(2^m)$ 上的本原元。假如，原始的未经 BCH 编码的二进制原始数据
流为 $Q = \{q_0, q_1, \cdots, q_{n-1}\}$，编码后的已嵌入秘密信息 m 的视频流为 $V = \{v_0, v_1, \cdots, v_{n-1}\}$，则

$$V = QH^{\mathrm{T}} \tag{6.2}$$

若经过信道传输后，接收到的码流数据为 $S = \{s_0, s_1, \cdots, s_{n-1}\}$，则 V 和 S 在
$\mathrm{GF}(2^m)$ 上可分别表示为

$$V(X) = v_0 + v_1 x + v_2 x^2 + v_3 x^3 + \cdots + v_{n-1} x^{n-1}$$

$$S(X) = s_0 + s_1 x + s_2 x^2 + s_3 x^3 + \cdots + s_{n-1} x^{n-1}$$

S 和 V 的差 E 可表示为

$$S = V + E \tag{6.3}$$

利用式 (6.2) 和式 (6.3) 得到

$$Y = (S - V)H^{\mathrm{T}} = EH^{\mathrm{T}} \tag{6.4}$$

Y 称为接收矢量 R 的伴随式，带有秘密信息的 S 可通过方程 $S = V + E$ 计算，秘密
消息可以通过方程 $V = QH^{\mathrm{T}}$ 来恢复。

我们以 $\mathrm{BCH}(7, 4, 1)$ 为例来分析使用 BCH 码与不使用 BCH 码的 DCT 系数
的变化情况。假设秘密信息的原始比特串为 01100001，经过 $\mathrm{BCH}(7, 4, 1)$ 编码

后为 10001101010001，重量化使用的量化步长是 29。图 6.2 展示了秘密信息使用与不使用 BCH 码的 DCT 系数变化情况。其中图 6.2(a) 表示的是原始的 DCT 系数，图 6.2(b) 表示的是使用 BCH 编码的嵌入秘密信息后的 DCT 系数，图 6.2(c) 表示的是使用 BCH 编码的嵌入秘密信息后的 DCT 系数经过重量化后的变化情况，图 6.2(d) 表示的是不使用 BCH 编码的嵌入秘密信息后的 DCT 系数，图 6.2(e) 表示的是不使用 BCH 编码的嵌入秘密信息后的 DCT 系数经过重量化后的变化情况。

2	0	0	1
0	0	0	0
1	0	0	0
0	0	0	0

(a) 嵌入信息前的DCT系数

2	0	−1	1
0	0	0	0
1	0	−1	−1
0	−1	0	0

(b) 使用BCH编码嵌入信息后的DCT系数

2	0	−1	1
0	0	0	0
1	0	−1	−1
0	0	0	0

(c) 使用BCH编码重量化后的DCT系数

2	0	0	1
0	0	−1	0
1	0	0	0
−1	−1	0	0

(d) 不使用BCH编码嵌入信息后的DCT系数

2	0	0	1
0	0	−1	0
1	0	0	0
−1	0	0	0

(e) 不使用BCH编码重量化后的DCT系数

图 6.2　使用 BCH(7, 4, 1) 与不使用 BCH(7, 4, 1) 的 DCT 系数变化情况

从图 6.2 可以看出，经过 BCH 编码的信息所嵌入的 DCT 系数在重量化后，DCT 系数发生变化，但由于利用了 BCH 码，提取出来的信息仍为 10001101010001，嵌入比特全部恢复。没有经过 BCH 编码的信息所嵌入的 DCT 系数在重量化后，DCT 系数也会发生变化，提取出来的信息为 00100001，嵌入的比特能正确提取出来的只有 87.5%。从 DCT 系数变化情况可以看出 BCH 码有较强的纠错能力。

设 BCH 码的参数为 (n, k, t)，其中 n 为码长、k 为信息位长度、t 为可纠正的错误数目，那么当长度为 n 的接收码中的比特错误小于或等于 t 时，该 BCH 码可用 k 个信息位纠正所有错误；当比特错误大于 t 时，该 BCH 码的纠错率定义如下：

$$p_{\text{BCH}} \geqslant 1 - \sum_{i=t+1}^{n} C_n^i p_b^i (1 - p_b)^{n-i} \tag{6.5}$$

其中，p_b 为单比特的差错率。

2. 嵌入与提取过程

本算法选择在 4×4 块的 DCT 系数中嵌入信息，由于 16×16 块的内容变化不大，嵌入秘密信息后视觉隐蔽性不好，所以不作为嵌入对象考虑。算法在秘密信息嵌入之前先对其进行 BCH 编码；然后根据预测方向来选择嵌入块以消除帧内失真漂移，同时向耦合系数中的一个嵌入系数嵌入信息，对耦合系数对中的补偿系数进行相应的反方向调整，从而控制秘密信息嵌入引起的块内误差，消除帧内失真漂移(详见 4.2.2 节)。该算法的特点是通过提高其嵌入比特的存活率来提高鲁棒性，通过控制帧内失真漂移提高视频的不可感知性。同时，该算法具备灵活性，可以根据嵌入容量的需求自由地选择耦合系数。

1) 嵌入过程

该算法的嵌入过程如图 6.3 所示。首先对接收到的 H.264/AVC 视频进行解码，得到解码后的 DCT 系数和 4×4 块的帧内预测模式；再根据 DCT 系数中直流系数 Y_{00} 的绝对值及自定义参数 threshold 的值选择备选的嵌入块(因为未经量化的直流系数 Y_{00} 是 4×4 块内所有 16 个 DCT 系数的均值，所以根据 Y_{00} 的绝对值可以选择纹理特征复杂的 DCT 系数块)；然后根据当前块周边块的帧内预测模式判断当前块是否符合条件 4.1 或条件 4.2(其中条件 4.1 和条件 4.2 的判断选择请参照 4.2.2 节的内容)，若符合条件 4.1(或条件 4.2)则从 HS(或 VS)中选择耦合系数进行嵌入操作，向待嵌入块内耦合系数中的一个系数嵌入经过 BCH 编码的秘密信息，同时调整补偿系数以消除秘密信息嵌入引起的帧内失真漂移；最后对所有已嵌入秘密信息的量化 DCT 系数重新熵编码得到目标嵌入视频。

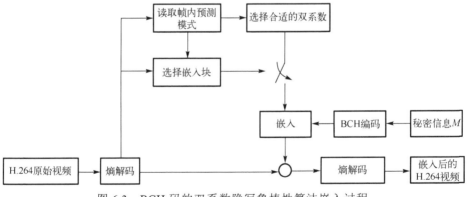

图 6.3　BCH 码的双系数隐写鲁棒性算法嵌入过程

为了方便起见，以 HS 中的耦合系数 (Y_{0i}, Y_{2i}) 或 (Y_{i1}, Y_{i2}) 和 VS 中的耦合系数 (Y_{2i}, Y_{0i}) 或 $(Y_{i2}, Y_{i1})(i, j = 0,1,2,3)$ 作为例子来描述嵌入过程。若嵌入信息为 $M = \{m_1, m_2, \cdots, m_N\}$，$m_i \in \{0, 1\}$，具体的嵌入方法如下。

（1）首先对要嵌入的信息进行 BCH 编码。

（2）根据直流系数的绝对值和自定义参数 threshold 选择嵌入块。因为有非零系数的块在进行调制时引起的失真效果不明显，所以我们可以选择具有非零系数及 $Y_{00} \geqslant 0$ 的块作为嵌入块。

（3）选择合适的耦合系数。

如果当前块满足条件 4.1，则根据下面嵌入方法的步骤（1）在耦合系数 (Y_{0i}, Y_{2i}) 嵌入 1bit。如果当前块满足条件 4.2，则根据下面调制方法的步骤（2）在耦合系数 (Y_{i1}, Y_{i2}) 嵌入 1bit。调制的目的是减弱嵌入信息所引起的帧内失真漂移，同时使嵌入的信息与修改后的 DCT 系数奇偶性保持一致，且修改后的 DCT 系数值大于原来的系数值。否则，转向方法中的第（2）步来选择下一个块嵌入已经编码好的秘密信息。具体的嵌入方法如下所示。

假设耦合系数为 $(a, b)((a, b) \in \text{HS}$ 或 $(a, b) \in \text{VS})$。

（1）如果嵌入的比特为 1，a 和 b 按如下方法修改。

如果 $a \bmod 2 = 0$，$a \geqslant 0$，则 $a = a + 1$，$b = b - 1$；如果 $a \bmod 2 = 0$ 和 $a < 0$，则 $a = a - 1$，$b = b + 1$；如果 $a \bmod 2 \neq 0$，则 $a = a$，$b = b$。

（2）如果嵌入的比特为 0，a 和 b 按如下方法修改。

如果 $a \bmod 2 \neq 0$ 和 $a \geqslant 0$，则 $a = a + 1$，$b = b - 1$；如果 $a \bmod 2 \neq 0$ 和 $a < 0$，则 $a = a - 1$，$b = b + 1$；如果 $a \bmod 2 = 0$，则 $a = a$，$b = b$。

2）提取过程

该算法的提取过程如图 6.4 所示。提取耦合系数 (Y_{03}, Y_{23}) 中的嵌入系数 Y_{03} 或 (Y_{30}, Y_{32}) 中的嵌入系数 Y_{30}。每个符合提取条件的 4×4 亮度块可以提取出 1bit 信息。

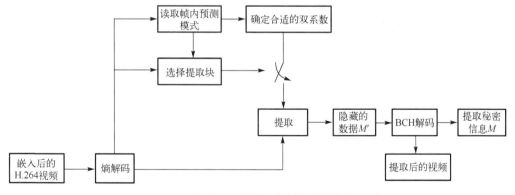

图 6.4　BCH 码的双系数隐写鲁棒性算法提取过程

具体过程可描述如下：首先对接收到的 H.264/AVC 视频进行解码操作，得到解码后的 DCT 系数和 4×4 块的帧内预测模式；再根据 DCT 系数中直流系数绝对值是否大于阈值 threshold 以及周边块的预测模式是否满足条件 4.1 或条件 4.2，选择符合要求的 4×4 块的 DCT 系数进行秘密信息的提取。如果满足条件 4.1，则根据式 (6.6) 提取 1bit 信息；如果满足条件 4.2，则根据式 (6.7) 提取 1bit 信息。

$$m_i = \begin{cases} 1, & Y_{0i} \bmod 2 = 1 \text{ 且满足条件 4.1} \\ 0, & Y_{0i} \bmod 2 = 0 \text{ 且满足条件 4.1} \end{cases} \tag{6.6}$$

$$m_{i+1} = \begin{cases} 1, & Y_{i1} \bmod 2 = 1 \text{ 且满足条件 4.2} \\ 0, & Y_{i1} \bmod 2 = 0 \text{ 且满足条件 4.2} \end{cases} \tag{6.7}$$

提取信息 M' 后，对 M' 进行 BCH 解码即可将信息恢复，该算法的嵌入与提取过程相对简单，易于实现并具有较小的时间复杂度。

6.2.3　性能测试与评价

本算法在 H.264/AVC 视频标准编解码软件 JM 8.0 上进行实验。测试视频有 300 帧且编码帧率是 30 帧/s，编码 I 帧间隔为 15，量化参数为 28，测试视频序列是分辨率为 176×144 的 Container、News、Coastguard、Mobile 等标准测试视频。存活率为正确提取的嵌入比特数目与总嵌入比特数目之比，PSNR 值由嵌入视频帧与原始视频帧进行比较得到，比特率增加率由嵌入视频比特率与原始视频比特率比较得到。

1. BCH 码纠错性能

我们以重编码攻击为例测试本算法 BCH 码技术与无失真漂移技术的纠错及视觉质量性能。实验中采用 QP = 28，$|Y_{00}| > 3$，BCH(7, 4, 1)，秘密信息嵌入的位置为 (Y_{32}, Y_{30})。表 6.1 给出了当视频 News 遇到重编码攻击时使用与不使用 BCH 码(皆不使用无失真漂移技术)的对比测试结果。实验表明，使用 BCH 码的算法的平均存活率为 98.77%，不使用 BCH 码的算法的平均存活率为 93.71%，平均 PSNR 为 38.86dB。可以看出使用 BCH 码的存活率明显大于不使用 BCH 码的存活率。从表 6.1 还可以看出使用与不使用 BCH 码嵌入信息后的 PSNR 是一样的，因为两种算法的嵌入位置、嵌入方法都是一样的。从 PSNR 也可以看出，算法使用的嵌入方案可以获得较好的视觉效果。BCH(63, 7, 15) 在这几个测试码中纠错能力最强，嵌入比特的存活率能达到 100%。

表 6.1　重编码攻击时只使用 BCH 码技术与不使用两项技术的性能对比

BCH 码	PSNR/dB	不使用 BCH 码的存活率/%	使用 BCH 码的存活率/%
(7, 4, 1)	38.8	93.91	99.34

续表

BCH 码	PSNR/dB	不使用 BCH 码的存活率/%	使用 BCH 码的存活率/%
(15, 5, 3)	39.31	94.05	99.66
(15, 11, 1)	38.58	93.60	98.04
(31, 26, 1)	38.8	93.66	96.83
(63, 7, 15)	38.82	93.31	100
平均值	38.86	93.71	98.77

表 6.2 给出了重编码时使用两项技术(无失真漂移技术和 BCH 码技术)和只使用无失真漂移技术的算法实验对比。实验表明,使用两项技术的算法的平均存活率为 91.91%,只使用无失真漂移技术的算法的平均存活率为 78.33%。因这两种算法的嵌入位置及嵌入方式相同,所以其 PSNR 值也是一致的,平均 PSNR 都为 46.99dB。采用无失真漂移技术或两项技术结合可以获得较好的视觉效果。从生存率数据可以看到,BCH(63, 7, 15)具有最强的纠错能力,嵌入比特的存活率可达 98.61%。

表 6.2 重编码攻击时只使用无失真漂移技术与使用两项技术的性能对比

BCH 码	PSNR/dB	使用无失真漂移技术的存活率/%	使用两项技术的存活率/%
(7, 4, 1)	46.02	78.54	91.67
(15, 11, 1)	51.47	78.05	87.87
(15, 5, 3)	45.79	77.56	94.83
(31, 26, 1)	45.71	78.51	86.59
(63, 7, 15)	45.96	79.00	98.61
平均值	46.99	78.33	91.91

2. 鲁棒性能

我们以重编码、重量化攻击为例测试本算法的纠错能力。重编码时编码器使用的量化步长为 28。表 6.3 给出了测试视频 Container 使用 BCH(7, 4, 1)及不同的原始信息嵌入比特流(1272bit,1328bit)满足条件 4.1,且在 (Y_{0i}, Y_{2i}) 或 (Y_{2i}, Y_{0i}) $(i = 1, 2, 3)$ 嵌入信息时与文献[8]中基于 DCT 系数的无帧内失真漂移视频隐写算法的对比测试结果。本算法的平均存活率超过了 91.98%,文献[8]中算法的存活率为 79.74%。平均 PSNR 为 44.18dB,比特率增加率平均为 0.85%。可以看出本算法的鲁棒性与原始信息嵌入比特流的大小没有关系,例如,当我们在系数 (Y_{03}, Y_{23}),(Y_{23}, Y_{03}) 嵌入秘密信息时,使用 1272bit 与 1328bit 这两个比特流的性能差别不大,这与理论分析是一致的,因此之后的实验我们采用同一比特流(2736bit)。表 6.4 给出了当前块满足条件 4.2 且在系数 (Y_{i2}, Y_{i1}) 或 (Y_{i1}, Y_{i2}) $(i = 1, 2, 3)$ 嵌入秘密信息时,本算法与文献[8]中算法的对比测试结果。本算法的平均存活率为 91.82%,文献[8]中算法的平均存活率为 81.78%。

平均 PSNR 为 43.47dB，比特率增加率平均为 2.68%。表 6.4 的比特率增加率比表 6.3 大，而 PSNR 比表 6.3 小，主要原因是表 6.4 中的算法修改了较多的 DCT 系数。

表 6.3　满足条件 4.1 使用 BCH(7, 4, 1) 时本算法与文献[8]中算法的性能比较

编码前的信息比特流/bit	双系数	PSNR/dB	比特率增加率/%	文献[8]中算法的存活率/%	本算法的存活率/%
1328	(Y_{01}, Y_{21})	44.48	0.50	79.95	87.5
	(Y_{21}, Y_{01})	44.51	0.60	82.22	91.56
	(Y_{23}, Y_{03})	44.58	1.10	81.07	94.13
	(Y_{03}, Y_{23})	44.57	1.10	82.57	92.40
	(Y_{02}, Y_{22})	44.48	0.80	79.91	93.07
	(Y_{22}, Y_{02})	44.53	0.80	81.41	93.22
1272	(Y_{03}, Y_{23})	44.60	1.10	78.57	92.22
	(Y_{23}, Y_{03})	44.61	1.00	79.65	93.95
	(Y_{30}, Y_{10})	43.40	0.60	75.26	89.15
	(Y_{10}, Y_{30})	43.43	0.60	74.26	86.32
	(Y_{32}, Y_{12})	43.25	1.00	81.50	95.20
	(Y_{12}, Y_{32})	43.74	1.00	80.50	93.00

表 6.4　满足条件 4.2 使用 BCH(7, 4, 1) 时本算法与文献[8]中算法的性能比较

编码前的信息比特流/bit	双系数	PSNR/dB	比特率增加率/%	文献[8]中算法的存活率/%	本算法的存活率/%
2736	(Y_{10}, Y_{12})	43.21	2.00	79.42	88.93
	(Y_{12}, Y_{10})	43.15	1.90	82.56	93.20
	(Y_{20}, Y_{22})	43.36	2.60	81.45	92.00
	(Y_{22}, Y_{20})	43.28	2.50	83.50	93.86
	(Y_{30}, Y_{32})	43.87	3.60	80.86	90.94
	(Y_{32}, Y_{30})	43.97	3.50	82.86	92.01

从表 6.3 和表 6.4 可以得出两个结论：一是当满足条件 4.1 时嵌入 1bit，与满足条件 4.2 时嵌入 1bit，具有相同的鲁棒性；二是本算法除了鲁棒性较高于文献[8]中算法外，两者的 PSNR 即视觉质量相同。

表 6.5 给出了重量化攻击时本算法与文献[8]中算法的性能比较。当 QP=28 时，本算法的存活率超出了 93%，相对于文献[8]中算法，本算法的存活率增长了 10.42%。当 QP 为 24～32 时，本算法的存活率大大超过了文献[8]中算法的存活率，特别是当 QP=32 时，本算法的存活率比文献[8]中算法的存活率增长了约 22%。因为本算法与文献[8]中算法使用了同一测试视频 News 及相同的编码前的信息比

特流且在同一系数 (Y_{32}, Y_{30}) 嵌入信息, 因此 PSNR 与比特率增加率均是相同的, 即本算法与文献[8]中算法相比除鲁棒性较强外, 其他性能未发生改变。

表 6.5　使用 BCH$(7, 4, 1)$ 和不同的 QP 时本算法与文献[8]中算法的性能比较

QP	文献[8]中算法的存活率/%	本算法的存活率/%
32	23.77	45.83
31	38.72	54.86
30	47.68	62.90
29	62.64	78.36
28	83.00	93.42
27	79.30	91.67
26	77.84	90.10
25	73.75	84.76
24	69.88	80.37

为了更精确地比较本算法与文献[8]中算法的性能, 我们使用 BCH$(15, 11, 1)$、BCH$(15, 5, 3)$、BCH$(31, 26, 1)$ 和 BCH$(63, 7, 15)$, 以当前块满足条件 4.2, 在 (Y_{30}, Y_{32}) 嵌入 1bit 为例进行测试。表 6.6~表 6.9 给出了重量化攻击下使用不同的 BCH 码时本算法与文献[8]中算法的性能比较。当 QP 取值为 24~32, 使用 BCH$(15, 11, 1)$、BCH$(15, 5, 3)$、BCH$(31, 26, 1)$ 和 BCH$(63, 7, 15)$ 时, 本算法的存活率比文献[8]中算法分别增长了 14.29%、14.65%、19.50% 和 24.14% 左右。总体来说, 本算法的平均存活率比文献[8]中算法增长了约 18.14%。使用 BCH$(63, 7, 15)$ 方法嵌入比特的存活率在 QP 等于 25 和 27 时可以达到 100%。而其他情况下, 使用 BCH$(63, 7, 15)$ 方法嵌入比特的存活率比文献[8]中算法平均提高了 24% 左右; 在重量化攻击强度最大情况下 (即 QP = 31), 本算法在使用 BCH$(63, 7, 15)$ 时的存活率比文献[8]中算法提高 15.53%。对进行测试的几个 BCH(n, k, t) 而言, t 值越大, 对抗重量化的能力就越强, 反之亦然。因为使用相同的预测模式在同一个系数中嵌入信息, 所以在 PSNR 及比特率增加率方面与文献[8]中算法没有差别。综上所述, 当遇到重量化攻击时本算法的鲁棒性优于文献[8]中算法。

表 6.6　使用 BCH$(15, 11, 1)$ 和不同的 QP 时本算法与文献[8]中算法的性能比较

QP	文献[8]中算法的存活率/%	本算法的存活率/%
32	19.42	46.10
31	33.52	56.44
30	45.54	63.46
29	60.12	74.17

QP	文献[8]中算法的存活率/%	本算法的存活率/%
28	78.05	87.87
27	76.10	86.05
26	75.46	85.80
25	72.30	81.69
24	68.25	78.99

表 6.7　使用 BCH(15, 5, 3)和不同的 QP 时本算法与文献[8]中算法的性能比较

QP	文献[8]中算法的存活率/%	本算法的存活率/%
32	20.17	46.28
31	32.06	50.62
30	44.50	61.36
29	60.79	84.50
28	77.56	94.83
27	75.77	93.90
26	74.64	92.98
25	71.92	91.12
24	68.69	86.05

表 6.8　使用 BCH(31, 26, 1)和不同的 QP 时本算法与文献[8]中算法的性能比较

QP	文献[8]中算法的存活率/%	本算法的存活率/%
32	19.20	45.97
31	33.35	56.14
30	45.31	64.50
29	60.07	75.69
28	78.51	86.59
27	76.87	85.17
26	74.44	83.98
25	73.31	82.01
24	69.39	79.00

表 6.9　使用 BCH(63, 7, 15)和不同的 QP 时本算法与文献[8]中算法的性能比较

QP	文献[8]中算法的存活率/%	本算法的存活率/%
32	20.21	46.67

续表

QP	文献[8]中算法的存活率/%	本算法的存活率/%
31	33.36	48.89
30	45.82	62.78
29	60.23	93.61
28	79.00	98.61
27	75.76	100.00
26	74.94	99.17
25	72.34	100.00
24	68.35	97.50

　　图 6.5 与图 6.6 展示了以测试视频 News 和 Container 为例，使用不同 BCH 码的鲁棒性能比较。当 QP 取值为 24～29 时，BCH 码具有较强的纠错能力。当遇到重编码、重量化攻击时，在几个测试的 BCH 码中，BCH(63, 7, 15) 具有最强的纠错能力，而在纠正一个错误比特时，BCH(7, 4, 1) 具有最强的纠错能力。对于 BCH(n, k, t)，t 值越大，PSNR 越低，BCH 码纠错能力就越强，反之亦然。本算法的鲁棒性要明显高于文献[8]中算法。

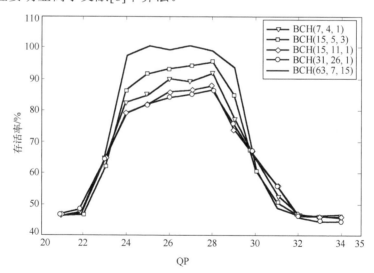

图 6.5　遇到重量化攻击时使用不同的 BCH 码性能比较 (News)

　　表 6.10 给出了重编码攻击下本算法与文献[8]中算法的性能比较。本算法的平均存活率约为 98.32%，文献[8]中算法的存活率为 93.06%，平均 PSNR 为 38.86dB。BCH(15, 5, 3) 与 BCH(63, 7, 15) 能够 100%纠正错误比特。由此可以看出，本算法性能优于文献[8]中算法。

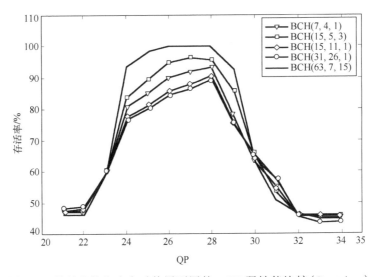

图 6.6　遇到重量化攻击时使用不同的 BCH 码性能比较(Container)

表 6.10　遇到重编码攻击时本算法与文献[8]中算法的性能比较

双系数	BCH 码	PSNR/dB	文献[8]中算法的存活率/%	本算法的存活率/%
(Y_{32}, Y_{30})	(7, 4, 1)	38.8	93.08	98.94
(Y_{32}, Y_{30})	(15, 5, 3)	39.31	92.42	100
(Y_{32}, Y_{30})	(15, 11, 1)	38.58	93.37	97.26
(Y_{32}, Y_{30})	(31, 26, 1)	38.8	93.13	95.38
(Y_{32}, Y_{30})	(63, 7, 15)	38.82	93.31	100

3. 统计特征

我们以帧率 30 帧/s 以及编码间隔 15 (GOP: IBPBPBPBPBPBPBPBPBPBPBP BPBPB) 编码了 300 帧，每个测试视频有 20 个 I 帧。

表 6.11 给出了以 $|Y_{00}| > 0$ 为例子，测试当前块满足不同的条件时可嵌入秘密信息的 4×4 块数。当当前块满足条件 4.1，条件 4.2，条件 4.3，条件 4.1 和条件 4.2，条件 4.1 和条件 4.3，条件 4.2 和条件 4.3，以及条件 4.1、条件 4.2 和条件 4.3 时，4 个 H.264/AVC 测试视频适合的宏块平均数分别为 4252 块、5703 块、11768 块、1272 块、3588 块、4893 块、1132 块。从宏块平均数可以看出，满足条件 4.1 和条件 4.2 的块数是同时满足 3 个条件的块数的 4 倍和 5 倍左右。

表 6.11　遇到不同条件时适合嵌入的 4×4 块数

项目	条件 4.1 /块	条件 4.2 /块	条件 4.3 /块	条件 4.1 和 条件 4.2/块	条件 4.1 和 条件 4.3/块	条件 4.2 和 条件 4.3/块	条件 4.1、 条件 4.2 和 条件 4.3/块
Container	2247	4804	8073	1090	2004	4306	1012
News	6093	3287	10771	1101	5314	2854	978
Mobile	6810	6016	16066	1931	5434	4836	1676
Coastguard	1856	8706	12163	965	1601	7577	860
平均值	4252	5703	11768	1272	3588	4893	1132

　　本算法的嵌入率是指视频载体中适合嵌入的块数除以总块数。以测试视频 News 和 Container 为例子，当当前块满足条件 4.2 时，块的嵌入率分别为 10.5%和 15%。

4. 嵌入性能

　　为了方便起见，本算法嵌入容量为 20 个 I 帧的嵌入容量。表 6.12 给出了使用 $QP = 28$，$|Y_{00}| > 3$ 及 $BCH(7, 4, 1)$，在系数 (Y_{32}, Y_{30}) 嵌入秘密信息的嵌入性能。当前块满足条件 4.1、条件 4.2 以及条件 4.1 或 4.2 时的嵌入容量分别为 4252bit、5703bit、9369bit。整个测试视频的平均 PSNR 超过了 41.7dB。嵌入性能依赖于当前块满足的条件、嵌入条件及使用的 BCH 码，与使用哪些耦合系数没有关系。BCH 码的使用需要权衡嵌入容量与纠错能力之间的关系。我们可以通过使用更多的耦合系数来提高嵌入容量，而且足够多的视频帧正好满足 BCH 码的冗余性，例如，以测试视频 News 和 Container 为例子，当当前块满足条件 4.2 时，块的嵌入率分别为 10.5%和 15%。如果一个 H.264/AVC 视频以 30 帧/s 的速度连续播放 2h，就有 216000 帧。那么测试视频 News 有 16×99×216000×10.5%块可以嵌入信息，测试视频 Container 有 16×99×216000×15%块可以嵌入信息。

表 6.12　本算法的嵌入性能

视频	条件 4.1		条件 4.2		条件 4.1 或条件 4.2	
	PSNR/dB	容量/bit	PSNR/dB	容量/bit	PSNR/dB	容量/bit
Container	47.2	2247	44.07	4804	42.98	8706
News	43.25	6093	46.17	3287	41.94	8279
Mobile	42.73	6810	43.48	6016	40.73	10895
Coastguard	47.87	1856	41.8	8706	41.21	9597

　　图 6.7 与图 6.8 给出了测试视频 News 与 Container 的原始视频帧、嵌入视频帧、重编码前嵌入的视频帧与重编码后嵌入的视频帧的视觉对比图。从图中可以看出，测试视频 News 与 Container 的四个对比图没有明显的失真，本算法具有较

（a）News 原始视频帧　　　　　　　　　　（b）News 嵌入视频帧

（c）News 重编码前嵌入的视频帧　　　　　（d）News 重编码后嵌入的视频帧

图 6.7　　News 视觉对比图

（a）Container 原始视频帧　　　　　　　　（b）Container 嵌入视频帧

（c）Container 重编码前嵌入的视频帧　　　（d）Container 重编码后嵌入的视频帧

图 6.8　　Container 视觉对比图

好的不可感知性与较好的鲁棒性。总之，从统计特征及嵌入性能的实验结果可以看出，本算法除具有较好的鲁棒性外，还实现了通过控制帧内失真漂移提高视频视觉质量。

6.3　基于秘密共享的视频隐写技术

6.3.1　概述

H.264/AVC 或 H.265/HEVC 视频载体在传输的过程中，可能面临网络传输异常或者恶意攻击导致丢帧、丢包等情况，所嵌入的秘密信息就会丢失或者恢复错误。为了提高视频中嵌入的秘密信息的鲁棒性，可以将秘密信息复制成 n 份，分别嵌入原始视频的 n 个帧中。若视频载体异常，有 $i(i<n)$ 帧丢失，那么可以从余下的 $n-i$ 帧中提取出秘密信息。但是在每帧中嵌入相同的秘密信息会导致统计特征的变化，隐藏的信息就会失去隐蔽性。恶意攻击者可以根据统计特征的变化发现秘密信息的存在，攻击视频载体从而对秘密信息的安全造成威胁。

用秘密共享的 (t, n) 门限方案来处理嵌入的秘密信息可以解决上述问题。该方案首先将需要处理的秘密信息分成 n 份子秘密，再分别嵌入 n 个帧中。在提取秘密信息的时候，只需要将这 n 个帧中的 t 个帧所保存的 t 个子秘密提取出来，即可重建原始秘密信息。即使 n 个帧中的 $i(i<n-t)$ 个帧丢失，仍然可以由余下的 $n-i$ 个帧中的子秘密重建原始秘密信息。该方案既不会引起统计信息的明显变化，也保证了出现异常情况时秘密信息的安全，具有较高的可行性。

在介绍基于秘密共享的视频隐写算法之前，先介绍几个相关概念。

丢包：是指一个或多个数据包的数据无法通过网络正确地到达目的地。数据在网络上是以数据包为单位传输的，但是物理线路的故障、网络拥塞、攻击、路由信息错误等总会造成一定的损失而不能完成全部数据包的传输，造成丢包，丢包可导致比特丢失与帧丢失，图 6.9 描述了网络视频传输的丢包情形。

丢包率：丢包的严重程度可以用丢包率来衡量，丢包率是指网络传输中丢失的数据包数量占所发送的总数据包数量的比例。通常情况下丢包率是比较小的，如千兆网卡在流量大于 200Mbit/s 时，丢包率小于 1/2000，百兆网卡在流量大于 60Mbit/s 时，丢包率小于 1/10000。

丢帧率：是指在视频传输中，含有秘密信息的视频载体丢失的帧数占总的视频帧数的比例。

秘密共享技术已被广泛用于数字图像的信息隐藏[9-15]。文献[10]和[11]使用秘

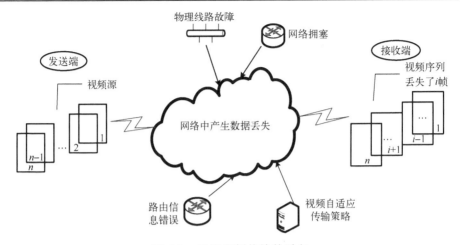

图 6.9　网络视频传输的丢包

密共享技术加强以图像为载体的数字水印鲁棒性能，为隐写技术鲁棒性能的增强提供了一个简洁而有效的方式。文献[12]提出了两种基于多覆盖自适应隐写的自然图像秘密共享隐写方法，通过对空间域±1 的操作，秘密信息自适应地共享嵌入图像的纹理特征区域，实验结果表明，此方法具有较强的抗隐写分析能力。文献[13]设计了一种利用秘密共享技术加密图像的算法，通过使用基于差值扩展和直方图平移两种方案进行秘密信息的嵌入，该算法的优点是计算复杂度低、嵌入容量高。文献[14]提出了一种基于 DNA(deoxyribo nucleic acid，脱氧核糖核酸)-XOR(n, n)的概率型秘密共享方案，并基于此提出了一种基于概率模型秘密共享的彩色图像可逆信息隐藏算法,该算法具有较高的嵌入性能但局限于图像载体。上述的数字图像信息隐藏算法并不能直接迁移到视频上，原因是视频的内容结构、压缩编码等技术与图像载体完全不同。由于 H.264/AVC 和 H.265/HEVC 具备极高的压缩率、视频质量和良好的网络适应性及广泛的应用前景，以它们为载体的视频隐写技术必然需要面对安全性和鲁棒性问题，需要能够对抗各种攻击及有损传输。开展基于 H.264/AVC 和 H.265/HEVC 标准的鲁棒视频隐写方法的研究，设计强鲁棒性的视频隐写算法是视频隐写研究的一项重要任务。将秘密共享引入 H.264/AVC、H.265/HEVC 视频隐写技术中，可以有效提高相关视频隐写算法的鲁棒性和安全性，具有广泛的应用前景。本节主要介绍利用秘密共享在 H.264/AVC、H.265/HEVC 等视频标准环境下抵御比特错误、帧丢失、帧出错的鲁棒视频隐写算法。

　　基于秘密共享技术的视频隐写算法是利用秘密共享(t, n)门限共享方案对秘密信息进行预处理，通过将秘密信息分发为 n 份来提高容错率，同时选择一种特定的视频隐写算法将预处理后的秘密信息嵌入视频载体中以提高隐写的鲁棒性能。目前，已有许多研究基于秘密共享方案来提高视频隐写算法的鲁棒性[16-18]。

文献[16]提出了一种利用秘密共享方案和错误纠正码(error-correcting coding, ECC)提高 H.264/AVC 视频隐写鲁棒性的算法。该算法首先利用秘密共享方案对秘密信息进行分发处理；然后使用 ECC 进一步提高秘密信息的误码恢复能力；最后利用灰度关系分析(gray relational analysis，GRA)技术选择适合嵌入的 DCT 系数块，将预处理后的秘密信息嵌入 DCT 系数中。文献[17]中的算法利用秘密共享 (t, n) 门限提高视频隐写的丢包鲁棒性能，利用耦合系数对和预测模式阻隔失真漂移以提高视频隐写的视觉效果。该隐写算法将经过秘密共享分发预处理后的信息嵌入 H.264/AVC 视频的 4×4 DCT 系数块中来进一步提高视频隐写的安全性、鲁棒性和嵌入性能，实验结果证明该算法可有效地抵御视频载体在网络传输过程中发生的丢包、丢帧等情况。文献[18]提出了一种利用秘密共享和无帧内失真漂移技术的 H.265/HEVC 鲁棒视频隐写算法，该算法利用秘密共享对秘密信息进行预处理来加强鲁棒性能，利用多系数和帧内预测模式来控制因嵌入信息导致的帧内失真漂移，实验结果表明该算法具有较高的嵌入性能和鲁棒性能，特别适用于以高清视频为代表的 H.265/HEVC 视频压缩编码应用场景。

6.3.2　基于秘密共享的 H.264/AVC 视频隐写算法

秘密共享技术在视频隐写研究领域中被广泛用于提高隐写算法的鲁棒性能。如前面所述，鲁棒性能在很多场景下比嵌入容量更为重要，直接关系到整个视频隐写过程的成功与否。本节以文献[17]为例介绍基于秘密共享的 H.264/AVC 视频隐写算法，下面主要从秘密共享原理、嵌入与提取过程两部分进行介绍。

1. 秘密共享原理

秘密共享方案是将一个秘密信息分解成 n 份子秘密，将其分发给各成员。重建秘密信息时，只有至少 t 个持有子秘密的成员进行合成才能恢复秘密信息，少于 t 个成员则无法恢复秘密信息。若有一些成员丢失秘密信息，而保留秘密信息的成员至少有 t 个，仍然可以用留存的至少 t 个成员的子秘密来恢复秘密信息。若攻击者从系统成员中获得一部分秘密信息，只要小于 t 份则攻击者就不能恢复原秘密信息。

1979 年 Shami 和 Blackly 分别提出了 (t, n) 门限方案。以下是 (t, n) 门限方案的原理：假设被分割的秘密信息为 $a_0 = k$。秘密分发者构造 $t-1$ 次方的多项式如下：

$$p_{t-1}(x) = a_0 + a_1 x + a_2 x^2 + \cdots + a_{t-1} x^{t-1} \bmod p \tag{6.8}$$

其中，大素数 $p > 0$；$a_i \in Z_p$（$i = 1, 2, \cdots, n$），a_i 为预先定义好的素数，a_0 为秘密信息，Z_p 是模 p 的非负最小完全剩余系。设有 n（$n > p$）个参与者，将 n 个值 x_i（$i = 1, 2, \cdots, n$）代入式（6.8）中，计算该 $t-1$ 次多项式 $p_{t-1}(x)$ 在 n 个不同点 x_i 处的值 y_i，即可将几份秘密分发后的子秘密 y_i（$i = 1, 2, \cdots, n$）分发给 n 个参与者。（x_i, y_i）是分割出来的子秘密，多项式 $y_i = p_{i-1}(x_i)$，x_i 可以选择不公开也可以选择公开。

若已有 t 个参与者，不妨假设他们的子秘密分别是（x_i, y_i）（$i = 1, 2, \cdots, n$），秘密共享多项式为 $p_{t-1}(x) = a_0 + a_1 x + a_2 x^2 + \cdots + a_{t-1} x^{t-1}$。为了计算出秘密信息 a_0，将 t 个参与者含有的子秘密（x_i, y_i）（$i = 1, 2, \cdots, n$）代入多项式，得到 t 个方程：

$$\begin{cases} a_0 + a_1 x_1 + a_2 x_1^2 + \cdots + a_{t-1} x_1^{t-1} = y_1 \\ a_0 + a_1 x_2 + a_2 x_2^2 + \cdots + a_{t-1} x_2^{t-1} = y_2 \\ \vdots \\ a_0 + a_1 x_t + a_2 x_t^2 + \cdots + a_{t-1} x_t^{t-1} = y_t \end{cases} \tag{6.9}$$

这是一个有 t 个未知数、t 个方程的线性方程组。系数行列式为

$$\begin{vmatrix} 1 & x_1^1 & x_1^2 & \cdots & x_1^{t-1} \\ 1 & x_2^1 & x_2^2 & \cdots & x_2^{t-1} \\ \vdots & \vdots & \vdots & & \vdots \\ 1 & x_t^1 & x_t^2 & \cdots & x_t^{t-1} \end{vmatrix} \tag{6.10}$$

上述行列式是范德蒙德行列式，所以当 $x_1, \cdots, x_t$ 互不相同时，其值非零，根据克拉默法则可知该方程组有唯一解。由此可见，若有等于 t 个或多于 t 个的参与者，则可以计算出秘密信息，但少于 t 个的参与者却不能计算出秘密信息。根据多项式的 t 个值求解多项式的方法可采用拉格朗日插值公式来完成。若多项式 $p_{i-1}(x_i)$ 的 t 个值为（x_i, y_i）（$i = 1, 2, \cdots, t$），则由拉格朗日插值公式可得

$$p_{t-1}(x) = \sum_{i=1}^{t} y_i \prod_{j=1, j \neq i}^{t} \frac{x - x_j}{x_i - x_j} \tag{6.11}$$

所以，常数项为

$$k = p_{t-1}(0) = \sum_{i=1}^{t} y_i \prod_{j=1, j \neq i}^{t} \frac{-x_j}{x_i - x_j}$$

则有

$$k = \sum_{i=1}^{t} b_i y_i, \quad b_i = \prod_{j=1, j \neq i}^{t} \frac{-x_j}{x_i - x_j} \tag{6.12}$$

可见，秘密信息 k 是 t 个秘密信息的线性函数。

利用秘密共享的 (t, n) 门限方案提高视频隐写算法中待嵌入秘密信息的鲁棒性能一般是通过信息的备份冗余来实现的。首先，利用 (t, n) 门限，将需要嵌入的秘密信息用秘密共享的方法分成 n 份，分别进行 BCH 编码后嵌入 n 个帧中，在 I 帧中隐藏 BCH 编码后的子秘密；然后，在提取秘密信息的时候，只需要把这 n 个帧中的任意 t 帧所保存的 t 个子秘密提取出来纠错后就可以恢复原始秘密信息。也就是说，即使 n 个帧中 $i(i<n-t)$ 个帧丢失或者出错，仍然可以利用余下的 $n-i$ 个帧中的子秘密恢复原秘密信息。因此保证了在帧出错、帧丢失等异常情况下秘密信息也能恢复，具有较高的可行性。

本节所介绍的算法是基于 H.264/AVC 的视频隐写算法，可以利用 H.264/AVC 视频具有足够数量的嵌入帧来满足 BCH 码和秘密共享所需的比特冗余及冗余。如前所述，即使我们选择较小的 t，视频帧的无限多特性仍然可以满足使用 BCH 码和秘密共享所需的冗余，可以完成我们所需嵌入的秘密信息的需求。因此，利用 BCH 码和秘密共享既可以纠正错误比特，又可以恢复错误帧或丢失帧来实现本算法的鲁棒性。

下面分析将秘密共享的 (t, n) 门限方案用于秘密信息的分发与恢复过程：用分组中的秘密信息构造多项式。假设每组秘密信息 m 需要 n 个成员来分享，则 $t-1$ 次多项式为

$$f(x) = a_0 + a_1 x + \cdots + a_n x^n \bmod p \tag{6.13}$$

其中，当 $x=0$ 时，$f(x) = a_0 = m$。则通过多项式 $f(x)$ 就可获取将原始秘密信息进行秘密分发后的子秘密，然后将子秘密一次分为 n 份，继续下一个子秘密的分发。

以秘密信息 5 为例，如果 3 个帧就可以恢复出秘密信息即 $t = 3$，则可构造秘密分发多项式：

$$f(x) = 5 + 3x + x^2$$

来分发子秘密。为了便于实现以帧的编号为对应的自变量值计算子秘密，分发到前 5 帧的子秘密可以通过如下计算求得：

$$\begin{cases} x = 1, & f(1) = 9 \bmod 11 = 9 \\ x = 2, & f(2) = 15 \bmod 11 = 4 \\ x = 3, & f(3) = 23 \bmod 11 = 1 \\ x = 4, & f(4) = 33 \bmod 11 = 0 \\ x = 5, & f(5) = 45 \bmod 11 = 1 \end{cases}$$

然后我们就可以根据计算结果把秘密信息 5 分成子秘密 $(9,4,1,0,1)$（即 5 个分片），这样即完成了一次秘密信息分发过程；最后将每个分片的秘密信息单独进行 BCH 编码。

由前面的介绍可知，$f(x)=5+3x+x^2$ 嵌入的秘密信息为 5，对 5 进行秘密分发之后形成的子秘密为 $(9,4,1,0,1)$，若目前已经获取了 n 个子秘密信息，则只需有 3 个以上的子秘密即可恢复出原秘密信息。

例如，已经获取子秘密信息 $m_1=9, m_2=4, m_3=1, m_4=0, m_5=1$，选取其中任意 3 个子秘密信息如 m_1、m_3、m_4 重建原始秘密信息。根据 Shamir 的原理：

$$f(x)=\sum_{i=1}^{t} y_i \prod_{j=1, j\neq i}^{t} \frac{x-x_j}{x_i-x_j} \tag{6.14}$$

$$f(x)=f(1)\cdot\frac{(x-3)(x-4)}{(1-3)(1-4)}+f(3)\cdot\frac{(x-1)(x-4)}{(3-1)(3-4)}+f(4)\cdot\frac{(x-1)(x-3)}{(4-1)(4-3)}$$

$$f(0)=9\cdot\frac{(0-3)(0-4)}{(1-3)(1-4)}+1\cdot\frac{(0-1)(0-4)}{(3-1)(3-4)}+0\cdot\frac{(0-1)(0-3)}{(4-1)(4-3)}\bmod p$$

$$f(0)=\frac{32}{2}\bmod p=5$$

由此即可恢复出原始秘密信息 5。

在网络传输过程中出现含秘视频遭受恶意攻击导致丢帧或误码等现象时，若选取了被损坏的子秘密信息用于重建原始秘密信息，则无法恢复。以第 4 帧和第 5 帧嵌入的秘密信息被损坏为例，若 $m_4=2\neq 0, m_5=3\neq 1$，则用上述方法提取秘密信息是有误的。

$$f(x)=f(1)\cdot\frac{(x-3)(x-4)}{(1-3)(1-4)}+f(3)\cdot\frac{(x-1)(x-4)}{(3-1)(3-4)}+f(4)\cdot\frac{(x-1)(x-3)}{(4-1)(4-3)}$$

$$f(0)=9\cdot\frac{(0-3)(0-4)}{(1-3)(1-4)}+1\cdot\frac{(0-1)(0-4)}{(3-1)(3-4)}+2\cdot\frac{(0-1)(0-3)}{(4-1)(4-3)}\bmod p$$

$$f(0)=\frac{36}{2}\bmod p\neq 5$$

若选取未被损坏的子秘密信息 m_1, m_2, m_3，则可以恢复原始秘密信息，计算过程如下：

$$f(x)=f(1)\cdot\frac{(x-2)(x-3)}{(1-2)(1-3)}+f(2)\cdot\frac{(x-1)(x-3)}{(2-1)(2-3)}+f(3)\cdot\frac{(x-1)(x-2)}{(3-1)(3-2)}\bmod p$$

$$f(0)=9\cdot\frac{(0-2)(0-3)}{(1-2)(1-3)}+4\cdot\frac{(0-1)(0-3)}{(2-1)(2-3)}+1\cdot\frac{(0-1)(0-2)}{(3-1)(3-2)}\bmod p$$

$$f(0)=\frac{32}{2}\bmod p=5$$

　　由于算法对每个子秘密信息在嵌入前进行了 BCH 编码，因此算法对丢帧、丢包甚至比特错误有恢复能力。

　　2.　嵌入与提取过程

　　1）嵌入过程

　　该算法的嵌入过程如图 6.10 所示。首先我们通过 JM 解码器得到原始视频解码后的 4×4 块的帧内预测模式以及 DCT 系数值。再根据 DCT 系数中直流系数绝对值以及自定义参数 threshold 的值，选择合适的 4×4 嵌入块。通过对 4×4 块以及周围邻块的帧内预测模式来判断，若当前块符合条件 4.1，则从 HS 中选择耦合系数嵌入秘密信息；若符合条件 4.2，则从 VS 中选择耦合系数嵌入秘密信息。按秘密共享的分发方式向待嵌入块内的耦合系数中嵌入已 BCH 编码的子秘密信息，同时调整补偿系数以消除因为嵌入信息所带来的块内嵌入误差，达到控制帧内失真漂移的目的。最后对所有嵌入秘密信息的 DCT 系数重新进行熵编码得到目标嵌入视频。

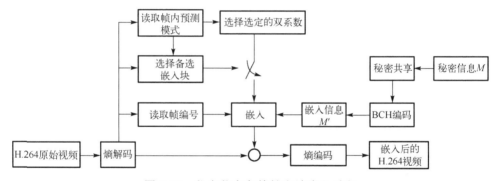

图 6.10　秘密共享鲁棒性方法嵌入过程

　　为了方便起见，以 HS 中的耦合系数 (Y_{0i}, Y_{2i}) 或 (Y_{2i}, Y_{0i}) 和 VS 中的耦合系数 (Y_{i0}, Y_{i2}) 或 $(Y_{2i}, Y_{i0})(i=0,1,2,3)$ 作为例子来描述嵌入过程。

　　具体方法如下。

　　(1) 按秘密共享分发子秘密。

　　(2) 在子秘密信息嵌入前首先对其进行 BCH 编码。

　　(3) 根据直流系数的绝对值和自定义参数 threshold 选择嵌入块。因为有非零系数的块在进行调制时引起的失真效果不明显，所以我们选择具有非零系数及 $Y_{00} \geqslant 0$ 的块作为嵌入块。

　　(4) 选择合适的耦合系数。

　　如果当前块满足条件 4.1，我们就根据下面的调制方法的步骤 (1) 在耦合系数

(Y_{0i}, Y_{2i}) 嵌入 1bit；如果当前块满足条件 4.2，根据下面的调制方法的步骤（2）在耦合系数 (Y_{i0}, Y_{i2}) 嵌入 1bit。调制的目的是消除因嵌入信息所带来的块内嵌入误差，同时使嵌入的信息与修改后的 DCT 系数奇偶性保持一致，且修改后的 DCT 系数值大于原来的系数值。否则，就转向下一个嵌入块的选择，嵌入已经编码好的子秘密信息。

调制方法：假如耦合系数为 (a, b)（$(a, b) \in \text{HS}$ 或 $(a, b) \in \text{VS}$）。

（1）如果嵌入的比特为 1，a 和 b 按如下方法修改。

如果 $a \bmod 2 = 0, a \geqslant 0$，则 $a = a + 1$，$b = b - 1$；如果 $a \bmod 2 = 0$ 和 $a < 0$，则 $a = a - 1$，$b = b + 1$；如果 $a \bmod 2 \neq 0$，则 $a = a$，$b = b$。

（2）如果嵌入的比特为 0，a 和 b 按如下方法修改。

如果 $a \bmod 2 \neq 0, a \geqslant 0$，则 $a = a + 1, b = b - 1$；如果 $a \bmod 2 \neq 0$ 和 $a < 0$，则 $a = a - 1, b = b + 1$；如果 $a \bmod 2 = 0$，则 $a = a, b = b$。

2）提取过程

该算法的提取过程如图 6.11 所示。提取耦合系数 (Y_{03}, Y_{23}) 中的嵌入系数 Y_{03} 或 (Y_{30}, Y_{32}) 中的嵌入系数 Y_{30}。每个符合提取条件的 4×4 亮度块可以提取出 1bit 信息。

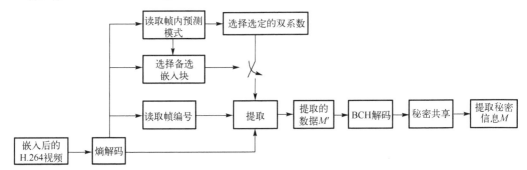

图 6.11　秘密共享鲁棒性方法提取过程

上述提取过程可描述如下：本算法根据接收到的 H.264/AVC 视频进行解码操作，得到解码后的 DCT 系数和 4×4 块的帧内预测模式。根据秘密共享 (t, n) 门限中的 t 分组选择 4×4 亮度块作为备选提取块。如果满足条件 4.1，则根据式（6.15）提取 1bit 信息；若满足条件 4.2，则根据式（6.16）提取 1bit 信息。然后利用 BCH 码，将分组后的子秘密纠错，再利用秘密共享对秘密信息进行恢复。由此可以看出，秘密共享只是在嵌入前与提取后进行处理操作，其简单的嵌入与提取流程为该算法的实现带来了便利的同时也使本算法拥有较小的时间复杂度。

$$m_i = \begin{cases} 1, & Y_{0i} \bmod 2 = 1 \text{ 且满足条件 } 4.1 \\ 0, & Y_{0i} \bmod 2 = 0 \text{ 且满足条件 } 4.1 \end{cases} \tag{6.15}$$

$$m_{i+1} = \begin{cases} 1, & Y_{i0} \bmod 2 = 1 \text{ 且满足条件 4.2} \\ 0, & Y_{i0} \bmod 2 = 0 \text{ 且满足条件 4.2} \end{cases} \tag{6.16}$$

6.3.3　性能测试与评价

本算法在 H.264/AVC 视频标准编解码软件 JM 8.0 上进行实验，每个测试视频编码了 300 帧且编码帧率是 30 帧/s，编码 I 帧间隔为 15，量化参数为 28，测试视频序列是分辨率为 176×144 的 Container、News、Coastguard、Mobile 和 Akiyo 等标准测试视频，PSNR 值由嵌入视频帧与原始视频帧相比较得到，嵌入容量为在 20 个 I 帧中可嵌入的原始秘密信息比特数，比特率增加率为嵌入视频比特率相较于原始视频比特率的增加率，存活率为提取的秘密信息相较于原始秘密信息的恢复正确率。

1. 嵌入性能

我们从理论上分析了在丢帧或帧出错等情况下，利用秘密共享恢复信息的可行性。H.264/AVC 视频若有 n 个帧，则利用 (t, n) 门限，以帧号作为变量，将秘密信息以多项式的方法分发为子秘密，再将子秘密 BCH 编码后嵌入各个符合条件的 I 帧中。在提取秘密信息时，只需要把这 n 个帧中的任意 t 帧所保存的 t 个子秘密提取出来，纠错后就可以恢复原始秘密信息。也就是说，即使 n 个帧中 $i(i < n - t)$ 个帧丢失或者出错，仍然可以利用余下的 $n{-}i$ 个帧中的子秘密恢复原始秘密信息。只要因网络传输异常而丢掉帧的数目小于 $n{-}t$，本算法就能较好地恢复原始秘密信息。

表 6.13 给出了满足条件 4.1、采用 BCH(63, 7, 15)、秘密共享门限 (t, n) 采用 (3, 8) 时，不同的视频在不同的丢帧率下的秘密信息恢复情况。从表 6.13 中可以看出，当在系数 (Y_{32}, Y_{30}) 中嵌入信息时，在随机丢帧率为 5%、15%、20%、25% 的情况下，嵌入比特的存活率几乎都能达到 100%，完全满足在正常网络丢包率 (10%) 下秘密信息的安全传输需求。虽然嵌入容量不大，但是由于视频有无限多的帧的特性，我们可以用足够多的帧嵌入所需的秘密信息。

表 6.13　不同丢帧率的性能比较

视频序列	PSNR/dB	嵌入容量/bit	比特率增加率/%	随机丢帧率/%	存活率/%
Container	36.7	9	0.026	5	100
				15	100
				20	100
				25	100

视频序列	PSNR/dB	嵌入容量/bit	比特率增加率/%	随机丢帧率/%	存活率/%
News	37.34	6	0.021	5	100
				15	100
				20	100
				25	100
Mobile	34.61	11	0.008	5	100
				15	100
				20	100
				25	90
Coastguard	34.78	17	0.051	5	100
				15	100
				20	100
				25	100

表 6.14 给出了在随机丢帧率为 15% 的情况下，不同 (t, n) 的嵌入性能。当 t 保持不变时，n 越大，嵌入比特的存活率越大。例如，当 $t = 3$，$n = 4$、16、32 时的嵌入比特存活率分别为 53%、100%、100%。当 n 保持不变时，t 越大，嵌入比特的存活率越小。例如，当 $n = 8$，$t = 2$、3、4 时的嵌入比特存活率分别为 100%、100%、76%。这与前面的理论分析是一致的。此外，我们还可以从图 6.12 和图 6.13 给出的存活率变化中再次验证这个结论。其中，图 6.12 给出了 t 值不变、n 值变化时，不同丢帧率下再一次实验嵌入比特存活率的变化情况。图 6.13 给出了 n 值不变、t 值变化时，不同丢帧率下嵌入比特存活率的变化情况。

表 6.14　不同 (t, n) 值的性能比较

秘密共享门限 (t, n)	嵌入容量/bit	PSNR/dB	存活率/%
(2, 8)	85	36.51	100
(3, 8)	85	36.51	100
(4, 8)	85	36.49	76
(3, 4)	171	36.50	53
(3, 16)	33	36.69	100
(3, 32)	16	36.71	100

图 6.14 以测试视频 News 为例给出了只采用秘密共享的算法与同时采用秘密共享和 BCH 码两项技术的算法的性能对比。其中纵坐标表示存活率，横坐标表示丢帧率。从图 6.14 中可以看出，当丢帧率为 0.15、0.2、0.35 时，使用秘密共享与 BCH 码两项技术的算法存活率明显大于只使用秘密共享的算法。当丢帧率

为 0.55 时，由于帧丢失太多，因此即使使用两项技术，秘密信息也无法提取。由此得出结论，使用秘密共享与 BCH 码两项技术的算法性能优于只使用秘密共享的算法，这是因为只使用秘密共享技术的算法失去了 BCH 码的比特纠错能力，所以性能弱于使用秘密共享与 BCH 码两项技术的算法。

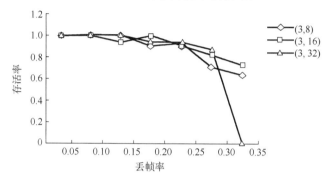

图 6.12　t 值不变，n 值变化时存活率的变化

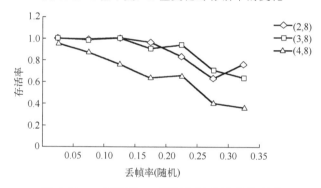

图 6.13　n 值不变，t 值变化时存活率的变化

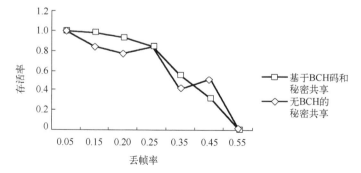

图 6.14　采用 BCH 码与秘密共享的算法与只采用秘密共享的算法对比

图 6.15～图 6.19 展示了使用不同丢帧率、在不同实验次数下的嵌入比特的存活率变化情况，图中横坐标表示实验次数，纵坐标表示嵌入比特存活率。可以看

出在丢帧率不大于 10%的情况下，本算法在所有实验次数下的嵌入比特存活率都为 100%，也就是说即使在丢帧的情况下，秘密信息也能完全恢复过来。

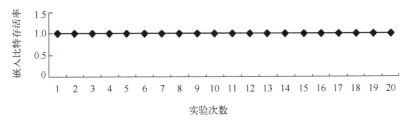

图 6.15　　丢帧率为 3.3%的不同实验次数的存活率

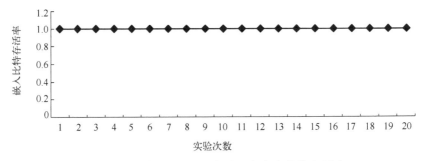

图 6.16　　丢帧率为 6.7%时不同实验次数的存活率

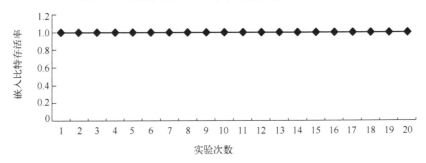

图 6.17　　丢帧率为 10%时不同实验次数的存活率

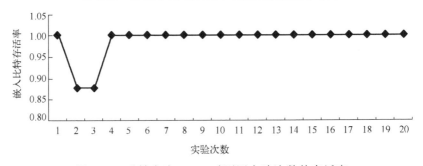

图 6.18　　丢帧率为 16.7%时不同实验次数的存活率

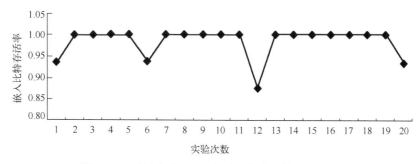

图 6.19　丢帧率为 20%时不同实验次数的存活率

表 6.15 给出了本算法与文献[8]的算法和文献[9]的算法的鲁棒性能对比。从表中可以看出，在正常网络传输的情况下，本算法能完全恢复秘密信息，具有较高的鲁棒性。

表 6.15　本算法与其他算法的鲁棒性能对比

视频序列	丢帧率	文献[9]的算法的存活率/%	文献[8]的算法的存活率/%	本算法的存活率/%
Container	0.15	86.10	83.27	100
	0.2	79.93	72.73	100
News	0.15	87.20	82.14	100
	0.2	79.97	72.67	100
Coastguard	0.15	87.42	76.75	100
	0.2	79.68	69.12	100
Akiyo	0.15	87.5	80.07	100
	0.2	78.90	72.30	100

2. 纠错概率分析

本算法利用了 BCH 码编码秘密信息，有关 BCH 码的相关理论与分析结果和 6.2 节相同，此处略去。(t, n) 门限的秘密共享可以通过调节 n 和 t 的值来提高纠错率或提高嵌入容量。如果保持 t 值不变，那么 n 值越大，嵌入容量越小，错误存活率就越高(因为使 n 个帧中 $i(i < n - t)$ 个帧出错，子秘密仍然可以利用余下的 $n - i$ 个帧恢复)，此时利用的多项式具有较高的次数，则具备较好的安全性，反之亦然。如果保持 n 值不变，那么 t 值越大，错误存活率就越低，多项式选取较低的次数，则具备较高的嵌入容量及较低的鲁棒性。

6.4　基于多秘密共享的视频隐写技术

6.4.1　概述

如前所述，秘密共享要求秘密分发者把秘密信息分发为 n 个份额，分别由 n 个参与者保管。只要大于或等于 t 个参与者公开自己的份额就可以恢复秘密信息，而少于 t 个参与者则无法恢复秘密信息。其最初的目的是用于数据安全及加密，然而将一份秘密信息备份为 n 份极大地增加了数据量，有可能因为嵌入容量的增加而被隐写分析算法所检测和察觉到，因此对于视频隐写技术来说，尽可能地减少参与者手中的秘密份额就显得极有意义。多秘密共享[19-22]通过对参与者手中的秘密份额的多次重用，来恢复双方通信的秘密信息，极大地减少了需嵌入的秘密信息数量。

在介绍基于多秘密共享的视频隐写算法前，在前面内容的基础上引入几个新的定义。

冗余度：在多秘密共享方案中，秘密信息由采用分发机制而造成了数据的增加，冗余度主要用来衡量秘密信息增加的程度。假设需要的原始秘密信息的字节数为 m_1，经过多秘密共享分发后每一份信息份额的字节数为 m_2，分发为 n 份，那么冗余度 ρ 定义为 $\rho = (n \cdot m_2) / m_1 - 1$。

比特匹配率：是指在提取端提取出来的比特串与嵌入端嵌入的比特串保持一致的比特数目占嵌入的总比特串比特数目的比例。

多秘密共享方案目前在数学和密码学领域研究广泛，并占有极其重要的研究地位。例如，文献[23]以纠错码 Ham(k, q) 的纠错能力为基础，将汉明码中的码字作为多秘密共享方案的秘密信息，并且对参与者进行分组，每个组拥有一份秘密份额，只有全部 n 个小组提供其正确秘密份额时才能重构原始秘密信息，最后依据双变量单向函数 $f(r, s)$ 的性质和组内成员身份验证来保证秘密信息的安全性，防止秘密信息泄露与合谋攻击。文献[24]提出了一种基于单向抗碰撞哈希函数的通用访问结构的可再生、多用途的多秘密共享方案，每个参与者只需携带一个共享的秘密。由于该方案采用了抗碰撞的单向哈希函数，因此即使参与者携带的共享秘密被破坏，该方案也不会受到恶意的攻击。该方案的优势是运行效率高，其原因在于避免了模乘、幂乘、求逆等复杂运算。文献[25]提出了一种不需要安全信道的多秘密共享方案，通过让每一个参与者选择自己的影子方式，不需要任何安全的通道，并且构建了一种利用 YCH（Yang-Chang-Hwang，杨-常-黄）、离散对数（discrete logarithm，DL）和 RSA 密码系统的可验证的多秘密共享算法。除了应用于数学和密码学领域外，多秘密共享方案还广泛应用于数字图像处理领域。文献[26]提出了多秘密共享和虚假数字图像隐写的新概念。这种方法的主要思想是在单个容器(数字图像)中嵌入多个消息。隐藏的秘密信息分别被称为真实秘密信息和虚假秘密信息。前者包含必要的真实秘密信息，这些秘密信息是为了在不同的地方之间安全传输，而后者是一个诱饵，让人们把注意力集中在不重要的信息上。当真实秘密信息的存在被揭露时，这种多秘密共享隐写方案将被攻破，不管是否检测到虚假秘密信息。文献[27]通过对秘密图像进行纵向区域划分，采用异或运算基础矩阵对像素点逐区域进行加密，在此基础上设计了面向门限结构的操作式多秘密共享方案，并通过理论证明了方案的安全性和有效性。在视频隐写领域，利用多秘密共享技术方案提升视频隐写鲁棒性的研究并不多。文献[28]利用多秘密共享方案预处理秘密信息，再利用帧内预测模式和耦合系数对控制帧内失真漂移，将预处理后的秘密信息嵌入 4×4 块的 DCT 系数中，实验结果验证了使用多秘密共享的该算法比基于秘密共享的隐写算法具有更好的嵌入性能，在保证具有同等鲁棒性能的基础之上进一步提高了视频隐写的嵌入容量。

6.4.2　基于多秘密共享的 H.264/AVC 视频隐写算法

本节以文献[28]中基于多秘密共享的 H.264/AVC 视频隐写算法为例，主要从多秘密共享原理、嵌入与提取过程两部分进行介绍。

1. 多秘密共享原理

假定 $f(r, s)$ 是一个双变量单向函数(即对于自变量域的任一 r 和 s，都可以很方便地求出值 y，但对于值域中的 y，则很难反向推出自变量域 r 和 s 的值)，q 为一个大素数，设定系统中所有使用的值都是有限域 GF(q) 中的元素，随机选取 n 个值 $\{x_1, x_2, \cdots, x_n\}$ 作为 n 个可信参与者的秘密份额，设定 $\{s_1, s_2, \cdots, s_p\}$ 是 p 个需要共享的秘密信息，t 为恢复秘密信息所需要的最少秘密份额。

秘密分发的过程如下。

(1)利用 p 个秘密信息构造 $p-1$ 次多项式：

$$h(x) = s_1 + s_2 x + s_3 x^2 + \cdots + s_p x^{p-1} \tag{6.17}$$

(2)随机选取一个值 r，对于所有的 $x_i(i=1,2,\cdots,n)$，计算 $f(r, x_i)$，且 $f(r, x_i)$ 的值不等于 $1, 2, \cdots, p-t$ 中的任何一个值，如果相等，那么重复计算 $f(r, x_i)$，直到不等于 $1, 2, \cdots, p-t$ 中的任何一个值，且 $f(r, x_i)(i=1,2,\cdots,n)$ 两两互不相等。

(3)以 $f(r, x_1), f(r, x_2), \cdots, f(r, x_n)$ 为自变量代入 $p-1$ 次多项式 $h(x)$ 中，计算得到 n 个 y 值：

$$y_i = h(f(r, x_i)), \quad i = 1, 2, \cdots, n \tag{6.18}$$

(4) 对于 $i = 1, 2, \cdots, p - t$ 分别计算 $h(i)$ 。

(5) 通过额外通道传递公告牌信息 $\{r, h(1), h(2), \cdots, h(p-t), y_1, y_2, \cdots, y_n\}$ 。

秘密恢复的过程如下。

(1) 根据至少 t 个参与者提供的秘密份额，假设有 t 个参与者，那么秘密份额是 $\{x_1, x_2, \cdots, x_t\}$ ，计算 $f(r, x_1), f(r, x_2), \cdots, f(r, x_t)$ 。

(2) 根据 t 个单向函数自变量值 $f(r, x_1), f(r, x_2), \cdots, f(r, x_t)$ ，可以得到 t 个数值对 $(f(r, x_1), y_1), (f(r, x_2), y_2), \cdots, (f(r, x_t), y_t)$ 。

(3) 根据 $1, 2, \cdots, p - t$ 和 $f(r, x_1), f(r, x_2), \cdots, f(r, x_t)$ 构造矩阵 A 。其中矩阵 A 为

$$A = \begin{bmatrix} 1 & 1 & \cdots & 1^{p-1} \\ 1 & 2 & \cdots & 2^{p-1} \\ \vdots & \vdots & & \vdots \\ 1 & p-t & \cdots & (p-t)^{p-1} \\ 1 & f(r, x_1) & \cdots & f(r, x_1)^{p-1} \\ \vdots & \vdots & & \vdots \\ 1 & f(r, x_t) & \cdots & f(r, x_t)^{p-1} \end{bmatrix} \tag{6.19}$$

(4) 根据 $h(1), h(2), \cdots, h(p-t)$ 与式 (6.19) 得到的 t 个数值对，得到向量 $Y = \{h(1), h(2), \cdots, h(p-t), y_1, y_2, \cdots, y_t\}$ 。

(5) 假设所求的秘密信息 $\{s_1, s_2, \cdots, s_p\}$ 为 p 维向量 X ，那么就有关系式：

$$AX = Y \tag{6.20}$$

由式 (6.20) 可得到以下关系：

$$X = A^{-1}Y \tag{6.21}$$

即通过求解矩阵方程 $X = A^{-1}Y$ 可恢复原始秘密信息。

为了在视频隐写中构建一个基于多秘密共享的分发和恢复机制，需要在嵌入端采用多秘密共享的分发机制及在提取端采用 t 个秘密信息的恢复机制。

嵌入端：假设一次分发的秘密信息 $p=6$ ，一次分发 $n=8$ 份，一次恢复所需要的份数 $t=3$ ，我们所要发送的秘密信息是 $\{s_1, s_2, \cdots, s_p\} = \{1, 2, \cdots, 6\}$ ，那么利用这 6 个秘密信息所构造的多项式为

$$h(x) = 1 + 2x + 3x^2 + 4x^3 + 5x^4 + 6x^5$$

假设单向函数 $f(r, x)$ 是 $f(r, x) = r + x \pmod{p}$ ， $r = 3$ ， $p = 12$ 。

随机选取的 $x_i (i \in \{1, 2, \cdots, n\})$ 为 $\{1, 2, \cdots, 8\}$ ，那么计算得到对于 $x_i (i \in \{1, 2, \cdots, n\})$ ，8 个 $f(r, x_i)$ 依次是 $\{4, 5, 6, 7, 8, 9, 10, 11\}$ ，注意此处对于任意的 $i, j \in \{1, 2, \cdots,$

$n\}$，$f(r,x_i) \neq f(r,x_j)$，否则在提取端矩阵 A 会不可逆；若相等，那么继续迭代 $f(r, x_i)$，直到与任意一个 $f(r,x_i)$ 不相等为止。

按照上述原理，将 8 个 $f(r,x_i)$ 作为自变量分别代入 $p-1$ 次多项式：

$$h(x) = s_1 + s_2 x + s_3 x^2 + \cdots + s_p x^{p-1}$$

即得到 n 个 $y_i (i \in \{1,2,\cdots,8\})$ 值：

$$Y = \{7737, 22461, 54121, 114381, 219345, 390277, 654321, 1045221\}$$

因为 $p = 6$，$t = 3$，因此对于 $i = 1, 2, 3$，同样代入 $h(x)$ 中，计算出 $h(i)$ 是 $\{21, 321, 2005\}$。至此秘密分发过程完成。

提取端：假设 $t=3$ 个参与者提交的秘密份额是 $\{1,2,3\}$，与嵌入端相应的单向函数 $f(r,x)$ 为 $f(r,x) = r + x \pmod p$；$r=3$，$p=12$，计算所得到的 3 个 $f(r,x_i)$ 为 $\{4, 5, 6\}$，同样地，如果 $f(r,x_i)$ 存在相等情形或与任一秘密份额相等时，则继续迭代计算 $f(r,x_i)$，目的是保证矩阵 A 可逆。

我们可以根据 3 个 $f(r,x_i)$ 与 $\{1,2,3\}$ 构造矩阵 A 为

$$A = \begin{bmatrix} 1 & 1 & 1 & 1 & 1 & 1 \\ 1 & 2 & 4 & 8 & 16 & 32 \\ 1 & 3 & 9 & 27 & 81 & 243 \\ 1 & 4 & 16 & 64 & 256 & 1024 \\ 1 & 5 & 25 & 125 & 625 & 3125 \\ 1 & 6 & 36 & 216 & 1296 & 7776 \end{bmatrix}$$

读取相应的公告牌得到向量 $Y = \{21, 321, 2005, 7737, 22461, 54121\}$。

假设 $p = 6$ 阶向量 X 为秘密信息，那么求解矩阵方程 $AX = Y$，$X = A^{-1}Y$ 即可得到秘密信息 $X = \{1,2,3,4,5,6\}$，至此一次多秘密共享的过程完成。

2. 嵌入与提取过程

本节主要讨论视频隐写在遇到网络传输过程中数据包丢失时，载有秘密信息的视频数据可能会丢失的情况，此时若按照原有视频隐写的方法，则会出现秘密信息提取错误或者甚至无法提取出原始秘密信息的可能。基于多秘密共享的鲁棒视频隐写算法的嵌入与提取过程如图 6.20 所示。在嵌入端，先将秘密信息经过多秘密共享的分发等预处理，然后选择一种帧内无失真漂移的隐写算法嵌入视频载体中。通过视频载体的传输，在提取端选择相应的提取算法提取出待处理的秘密信息，再通过多秘密共享重构机制恢复出原始的秘密信息。

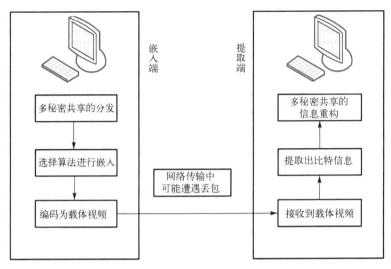

图 6.20　基于多秘密共享的鲁棒视频隐写算法的嵌入与提取过程

1）嵌入过程

基于多秘密共享的鲁棒视频隐写算法的嵌入过程分为两大步骤：首先需要对待嵌入的原始秘密信息进行多秘密共享分发的预处理，然后需要选择一种无帧内失真漂移的隐写算法进行秘密信息的嵌入。

（1）对于多秘密共享的分发预处理，假定在一次秘密分发的过程中分发 p 字节的待嵌入秘密信息。首先我们需要把待嵌入的秘密信息以 p 字节为单位划分为一个一个的小块，若最后一个小块的字节数小于 p，则补 0 填充，直到该小块的字节数为 p 为止，这是为了保证对于最后一个小块可以正常地进行多秘密共享的分发。

（2）对于一次秘密信息的分发，首先选择随机种子 r 与 n 个随机数值 $x_i, i \in \{1, 2, \cdots, n\}$，代入单向函数中计算本次秘密分发的 $f(r, x_i), i \in \{1, 2, \cdots, 8\}$，注意此处为了保证在提取端提取时系数矩阵 A 可逆，即 $|A| \neq 0$，需要保证 $f(r, x_i), i \in \{1, 2, \cdots, 8\}$ 两两互不相等且 $f(r, x_i), i \in \{1, 2, \cdots, 8\}$ 不等于 1、2 或 3。

（3）将计算出来的 $f(r, x_i), i \in \{1, 2, \cdots, 8\}$，依次代入以秘密信息作为系数的 $p-1$ 次多项式 $h(x)$ 中，计算 $y_i, i \in \{1, 2, \cdots, 8\}$，同时对于 $i = 1, 2, 3$，分别计算出 $h(1), h(2), h(3)$。

（4）将秘密信息 $x_i, i \in \{1, 2, \cdots, 8\}$ 转换为二进制比特串。

以上多秘密的分发过程是在信息嵌入视频载体前的预处理过程。分发过程如图 6.21 所示。由图 6.21 可知，该分发过程是独立于具体的嵌入方法之外的，即具有普适性，能够很好地兼容各种视频隐写算法。

在选择无帧内失真漂移算法方面，我们采用 4.2.2 节中介绍的算法，该算法可以很好地避免 H.264/AVC 视频相关帧内失真漂移的影响。

2）提取过程

从图 6.20 的算法嵌入与提取过程可知，本算法的提取过程首先是对传输过来的视频载体使用对应的提取算法提取秘密信息；然后对提取出来的秘密信息进行多秘密共享的重构，从而恢复出嵌入的原始秘密信息。

（1）从视频载体中提取秘密信息，提取出来的秘密信息通过多秘密共享的重构模块即可恢复出原始秘密信息，提取过程可参考 4.2.2 节中的算法相关提取过程。

（2）多秘密共享重构模块：在提取完分片信息后，需要判定该分片属于哪一个参与者。

（3）对每一个分片中的比特串进行转换，转换为十进制数值。对于转换后的每一个分片，如何选取合适的 t 个分片来进行多秘密共享的重构有两种方案，第一种方案是统计出现的含有数值个数最多的 t 个分片，以这些分片为共享的秘密份额进行多秘密共享的重构；第二种方案是将所有的分片按每 t 个分片排列组合，对每个组合的 t 个分片进行多秘密共享的重构，这样每一个秘密信息就会有 C_n^t 个备份，对这 C_n^t 个信息进行统计后，其中出现次数最多的被确认为秘密信息，具体的比较与分析见后面的内容。

（4）对于选出来的 t 个分片的秘密份额，开

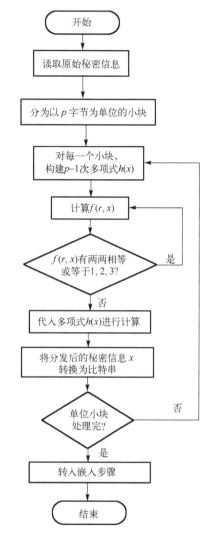

图 6.21　多秘密共享分发过程

始多秘密共享的信息重构。首先需要读取公告牌信息；然后将提取出来的 $x_i, i \in [1,t]$ 代入单向函数 $f(r,x)$ 中计算 $f(r,x_i), i \in [1,t]$ 的值，注意此时的 $f(r,x_i), i \in [1,t]$ 也不能等于 1, 2, 3，并且不能两两相等，处理方式与嵌入端相同。

（5）得到 $f(r,x_i), i \in [1,t]$ 后，根据公告牌中的信息，得到向量 Y，Y 中包含 $h(1)$, $h(2), \cdots, h(p-t), h(f(r,x_1)), h(f(r,x_2)), \cdots, h(f(r,x_t))$。同时根据 $i = 1,2,\cdots, p-t$ 与 $f(r,x_i), i \in [1,t]$ 得到系数矩阵 A，那么对于矩阵方程 $AX = Y$，通过克拉默法则计算得到秘密信息 X。

以上是多秘密共享的重构过程，如图 6.22 所示。

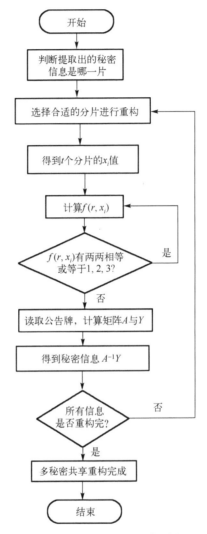

图 6.22　多秘密共享重构过程

提取过程的步骤(3)中提到,在选择合适的分片进行多秘密共享信息重构时,有两种方案。第一种方案是在统计所有 n 片信息数目的基础之上,选择含有信息数目最多的 t 个分片为多秘密共享重构的共享份额。在可能遭遇到丢包的状态中, 将比特信息丢失数目最少的 t 个分组作为待提取的分组, 其重构过程如图 6.23 所示。

因为方案一对于不同位置的丢包会导致提取性能不稳定(详见 6.4.3 节实验),所以我们对提取出来的 t 个分片进行组合,对每一个组合进行多秘密共享的重构,从中选取出现次数最多的数值即为所恢复的秘密信息(第二种方案)。其重构过程如图 6.24 所示。

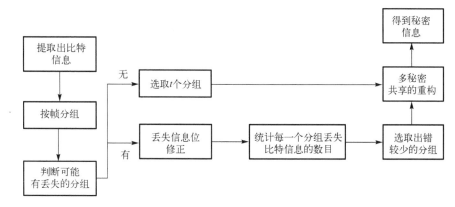

图 6.23　提取方案一的重构过程

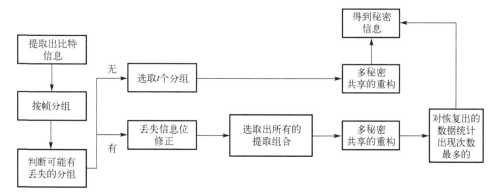

图 6.24　提取方案二的重构过程

6.4.3　性能测试与评价

本算法在 H.264/AVC 视频标准编解码软件 JM 8.0 上进行实验,视频编码参数为 QP=28、编码长度为 30 帧、帧率为 30 帧/s、I 帧间隔为 15,测试视频是分辨率为 176×144 的 Container、News、Akiyo 和 Mobile 等,其中"嵌入字节"是 30 帧最大可嵌入的秘密信息字节数,"还原信息"是可正确恢复的秘密信息字节数,信息存活率是可正确恢复的秘密信息占总秘密信息的比例。

本节所测试的内容是针对视频隐写中的视频载体在遭受到不同的丢包情况下,使用基于多秘密共享的鲁棒视频隐写算法所能达到的秘密信息存活率及隐写算法嵌入性能,并对方案一和方案二的实验性能等做了比较分析。

1. 在不同丢帧率下的秘密信息恢复

如无特殊说明，默认多秘密共享参数 $n=8$，$t=3$，$p=6$，即一次多秘密共享分发 6 字节的秘密信息，可以分发为 8 份，至少需要 3 份来还原秘密信息。

表 6.16 是测试视频 Container 在满嵌入的情况下，使用不同的丢帧率时本算法秘密信息恢复性能的实验结果。满嵌入是指对视频载体中所有符合嵌入条件的 DCT 系数都嵌入不同的秘密信息，使用满嵌入的方式是考虑到在常规视频隐写过程中，视频载体的丢帧可能会丢弃不包含秘密信息的帧，这对于多秘密共享视频隐写算法的信息存活率性能评估会造成干扰。

表 6.16　测试视频 Container 在不同丢帧率下的秘密信息恢复实验性能

视频序列	嵌入字节/B	丢帧率	还原信息/B	信息存活率
Container	528	0.03	528	1
	528	0.06	486	0.920455
	528	0.09	354	0.670455
	528	0.12	377	0.714015
	528	0.15	389	0.736742
	528	0.18	305	0.577652
	528	0.21	366	0.693182
	528	0.24	246	0.465909
	528	0.27	443	0.839015
	528	0.3	426	0.806818

从表 6.16 可以看出，含有秘密信息的测试视频 Container 在遭受到视频丢帧时仍然具有良好的信息恢复能力，特别是在丢帧率为 0.03 时，秘密信息的存活率为 100%，随着视频载体丢帧率的增加，秘密信息的存活率逐步降低。由于在各视频载体帧中秘密信息的可嵌入数量并不相同，因此秘密信息的存活率会出现抖动的情况，例如，在丢帧率为 0.24 时的信息恢复性能表现出不如丢帧率为 0.3 时的恢复性能，这是因为丢帧的过程是随机选择帧进行丢失的，在丢帧率为 0.24 时丢失的帧所包含的信息量大于在丢帧率为 0.3 时所包含的信息量。

对于不同的视频载体，本算法都具有较为良好的信息恢复性能，表 6.17～表 6.19 分别是测试视频 Mobile、News 和 Akiyo 在不同丢帧率下的实验结果。

表 6.17　测试视频 Mobile 在不同丢帧率下的信息恢复性能

视频序列	嵌入字节/B	丢帧率	还原信息/B	信息存活率
Mobile	660	0.03	660	1
	660	0.06	660	1
	660	0.09	415	0.628788
	660	0.12	445	0.674242
	660	0.15	660	1
	660	0.18	391	0.592424
	660	0.21	420	0.636364
	660	0.24	394	0.59697
	660	0.27	241	0.365152
	660	0.3	169	0.256061

表 6.18　测试视频 News 在不同丢帧率下的信息恢复性能

视频序列	嵌入字节/B	丢帧率	还原信息/B	信息存活率
News	360	0.03	360	1
	360	0.06	307	0.852778
	360	0.09	313	0.869444
	360	0.12	259	0.719444
	360	0.15	209	0.580556
	360	0.18	259	0.719444
	360	0.21	259	0.719444
	360	0.24	163	0.452778
	360	0.27	199	0.552778
	360	0.3	241	0.669444

表 6.19　测试视频 Akiyo 在不同丢帧率下的信息恢复性能

视频序列	嵌入字节/B	丢帧率	还原信息/B	信息存活率
Akiyo	228	0.03	228	1
	228	0.06	228	1
	228	0.09	187	0.820175
	228	0.12	193	0.846491
	228	0.15	211	0.925439
	228	0.18	169	0.741228
	228	0.21	175	0.767544
	228	0.24	139	0.609649
	228	0.27	140	0.614035
	228	0.3	91	0.399123

从表 6.17～表 6.19 可以看出，在丢帧率小于 0.15 即 15%的情况下，信息的存活率较高，Mobile 视频在丢帧率为 15%时甚至能够完全恢复秘密信息；同时可以看出，由于视频结构内容的不同，在遭遇到相同丢帧率的情况下，测试视频 Akiyo 的信息恢复性能要远远高于其他动作较为剧烈的视频载体的信息恢复性能；同时随着丢帧率的增大，信息存活率的总体趋势也在减小。

2. 嵌入性能与提取方案的对比分析

本节所介绍的多秘密共享算法与文献[29]的单秘密共享算法在嵌入性能方面的实验结果对比如表 6.20 所示。从表 6.20 可知，对于测试视频 Container，两种算法在嵌入相同原始秘密信息的前提下，多秘密共享算法需要嵌入的秘密信息总比特数为 960bit，而单秘密共享算法需要嵌入的秘密信息总比特数为 5632bit；对于测试视频 Mobile、News 和 Akiyo，在嵌入相同原始秘密信息时，多秘密共享算法需嵌入的秘密信息总比特数分别为 1216bit、640bit 和 448bit，而单秘密共享算法需嵌入的秘密信息总比特数分别为 7040bit、3840bit 和 2432bit。从上述结果可以看出，多秘密共享算法的嵌入性能远远优于单秘密共享算法。为了更具体地表现性能差别，使用冗余度来衡量两种算法的嵌入性能。根据前面关于冗余度的计算 $\rho = (n \cdot m_2) / m_1 - 1$，以测试视频 Container 为例，多秘密共享算法的冗余度为

$$\rho_1 = \frac{n \cdot m_2}{m_1} - 1 = \frac{8 \times \dfrac{120}{8}}{88} - 1 = 0.36$$

而单秘密共享算法的冗余度为

$$\rho_2 = \frac{n \cdot m_2}{m_1} - 1 = \frac{8 \times \dfrac{704}{8}}{88} - 1 = 7$$

表 6.20　多秘密共享算法与单秘密共享算法嵌入性能的比较

视频序列	多秘密共享算法			单秘密共享算法[29]		
	嵌入原始信息/B	分发后每片嵌入比特数/bit	需嵌入总比特数/bit	嵌入原始信息/B	分发后每片嵌入比特数/bit	需嵌入总比特数/bit
Container	88	120	960	88	704	5632
Mobile	110	152	1216	110	880	7040
News	60	80	640	60	480	3840
Akiyo	38	56	448	38	304	2432

表 6.21 为 Container、Mobile、News 和 Akiyo 四个测试视频的冗余度比较。

表 6.21　测试视频冗余度的比较

视频序列	多秘密共享冗余度 ρ_1	单秘密共享冗余度 ρ_2
Container	0.36	7
Mobile	0.38	7
News	0.33	7
Akiyo	0.47	7

从表 6.21 可以看到，对于测试视频 Container、Mobile、News 和 Akiyo，多秘密共享算法的冗余度 ρ_1 分别为 0.36、0.38、0.33 和 0.47，而单秘密共享算法的冗余度 ρ_2 都为 7，可见多秘密共享算法的冗余度远远低于单秘密共享算法的冗余度，在保证视频隐写具有强鲁棒性的同时减少了数据的冗余备份。多秘密共享算法的冗余度 ρ_1 在不同的视频中数值不同，是因为嵌入每一个视频的信息字节数并不一定恰好是 $p = 6$ 的倍数，所以会有不同程度的 0 填充来使嵌入信息为 6 的倍数，因此冗余度 ρ_1 会有小范围的浮动。

对于相同的 30 个 I 帧，在嵌入算法、视频载体、阈值等都相同的情况下，多秘密共享算法与单秘密共享算法的嵌入容量对比如表 6.22 所示。

表 6.22　多秘密共享算法和单秘密共享算法嵌入容量的比较

视频序列	多秘密共享算法		单秘密共享算法	
	嵌入容量/B	总嵌入比特数/bit	嵌入容量/B	总嵌入比特数/bit
Container	528	5632	88	5632
Mobile	660	7040	110	7040
News	360	3840	60	3840
Akiyo	228	2432	38	2432

从表 6.22 可以看出，对于测试视频 Container、Mobile、News 和 Akiyo，多秘密共享算法的嵌入容量分别为 528B、660B、360B 和 228B，而单秘密共享算法的嵌入容量分别为 88B、110B、60B 和 38B。从上述实验结果可以看到，在相同的视频载体下，使用多秘密共享算法可以极大地提高嵌入容量，即在保证视频隐写鲁棒性能的同时极大地提升了嵌入容量，这对于视频隐写来说具有很大的意义。

从前面的提取过程可知，在提取时有两种提取方案，在相同的嵌入算法、视频载体和嵌入信息等条件下，表 6.23 展示了方案一的实验性能，表 6.24 展示了方案二的实验性能。

表 6.23　　测试视频 Container 提取方案一的信息恢复性能

视频序列	嵌入字节/B	丢帧率	还原信息/B	信息存活率
Container	90	0.03	90	1
	90	0.06	87	0.9666667
	90	0.09	90	1
	90	0.12	90	1
	90	0.15	0	0
	90	0.18	0	0
	90	0.21	90	1
	90	0.24	30	0.3333333
	90	0.27	0	0
	90	0.3	42	0.4666667

表 6.24　　测试视频 Container 提取方案二的信息恢复性能

视频序列	嵌入字节/B	丢帧率	还原信息/B	信息存活率
Container	90	0.03	90	1
	90	0.06	90	1
	90	0.09	90	1
	90	0.12	90	1
	90	0.15	42	0.4666667
	90	0.18	90	1
	90	0.21	90	1
	90	0.24	36	0.4
	90	0.27	61	0.6777778
	90	0.3	30	0.3333333

从表 6.23 和表 6.24 中可以看出，视频载体丢帧率从 0.03 到 0.3 变动时，提取方案一平均秘密信息存活率为 0.5767，而提取方案二平均秘密信息存活率为 0.7878。并且可以看到，在视频载体丢帧率相同的情况下，方案二的恢复性能要远远优于方案一的恢复性能，如图 6.25 所示为 Container 视频在两种方案下的鲁棒性能比较。

图 6.25 中横轴表示丢帧率，纵轴表示信息存活率，从图 6.25、表 6.23 和表 6.24 中可以看出，在视频载体丢帧率相同的情况下，方案二的恢复性能要远远优于方案一的恢复性能。

方案一的恢复性能不如方案二的原因在于：方案一只是单纯地利用可能出现丢失数据最小的分片进行秘密信息恢复，没有充分地发挥其他分片的数据在信息恢复方面的作用，而方案二考虑到了每一个分片数据对于信息恢复的可能性，充分利用了数据资源，从而将数据丢失对秘密信息恢复所造成的影响降到了较低的程度。

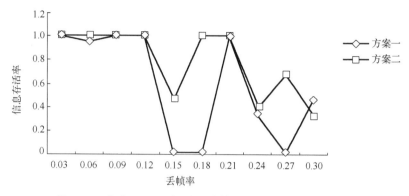

图 6.25　方案一、二在不同丢帧率下信息存活率的比较

参 考 文 献

[1] Hwang M J, Lee J, Lee M, et al. SVD-based adaptive QIM watermarking on stereo audio signals. IEEE Transactions on Multimedia, 2018, 20(1): 45-54.

[2] Ni Z C, Shi Y Q, Ansari N, et al. Robust lossless image data hiding designed for semi-fragile image authentication. IEEE Transactions on Circuits and Systems for Video Technology, 2008, 18(4): 497-509.

[3] Liu Y X, Li Z T, Ma X J, et al. A robust without intra-frame distortion drift data hiding algorithm based on H.264/AVC. Multimedia Tools and Applications, 2014, 72(1): 613-636.

[4] Liu Y X, Chen L, Hu M S, et al. A reversible data hiding method for H.264 with Shamir's (t, n)-threshold secret sharing. Neurocomputing, 2016, 188: 63-70.

[5] Mstafa R J, Elleithy K M. A high payload video steganography algorithm in DWT domain based on BCH codes(15, 11). 2015 Wireless Telecommunications Symposium, New York, 2015: 1-8.

[6] Mstafa R J, Elleithy K M. A novel video steganography algorithm in DCT domain based on Hamming and BCH codes. 2016 IEEE 37th Sarnoff Symposium, Newark, 2016: 208-213.

[7] Zhao H G, Liu Y X, Wang Y H, et al. A video steganography method based on transform block decision for H.265/HEVC. IEEE Access, 2021, 9: 55506-55521.

[8] Ma X J, Li Z T, Tu H, et al. A data hiding algorithm for H.264/AVC video streams without

intra-frame distortion drift. IEEE Transactions on Circuits and Systems for Video Technology, 2010, 20(10): 1320-1330.

[9] Feng J B, Wu H C, Tsai C S, et al. Visual secret sharing for multiple secrets. Pattern Recognition, 2008, 41(12): 3572-3581.

[10] Wu Y S, Thien C C, Lin J C. Sharing and hiding secret images with size constraint. Pattern Recognition, 2004, 37(7): 1377-1385.

[11] Chang C C, Lin C Y, Tseng C S. Secret image hiding and sharing based on the (t, n)-threshold. Fundamenta Informaticae, 2007, 76(4): 399-411.

[12] Yuan H D. Secret sharing with multi-cover adaptive steganography. Information Sciences, 2014, 254: 197-212.

[13] Wu X T, Weng J, Yan W Q. Adopting secret sharing for reversible data hiding in encrypted images. Signal Processing, 2018, 143: 269-281.

[14] Tuncer T, Avci E. A reversible data hiding algorithm based on probabilistic DNA-XOR secret sharing scheme for color images. Displays, 2016, 41: 1-8.

[15] Chen Y C, Hung T H, Hsieh S H, et al. A new reversible data hiding in encrypted image based on multi-secret sharing and lightweight cryptographic algorithms. IEEE Transactions on Information Forensics and Security, 2019, 14(12): 3332-3343.

[16] Zhang Y N, Zhang M Q, Yang X Y, et al. Novel video steganography algorithm based on secret sharing and error-correcting code for H.264/AVC. Tsinghua Science and Technology, 2017, 22(2): 198-209.

[17] Liu Y X, Ju L M, Hu M S, et al. A new data hiding method for H.264 based on secret sharing. Neurocomputing, 2016, 188: 113-119.

[18] Liu S Y, Xu D G. A robust steganography method for HEVC based on secret sharing. Cognitive Systems Research, 2020, 59: 207-220.

[19] 李慧贤. 多秘密共享理论及其应用研究. 大连: 大连理工大学, 2006.

[20] 侯建春, 张建中. 一个改进的可验证的多秘密共享方案. 计算机工程与应用, 2012, 48(14): 94-97.

[21] 谢琪, 于秀源, 王继林. 一种安全有效的(t, n)多秘密共享认证方案. 电子与信息学报, 2005, 27(9): 1476-1478.

[22] Yang C C, Chang T Y, Hwang M S. A (t,n) multi-secret sharing scheme. Applied Mathematics and Computation, 2004, 151(2): 483-490.

[23] 李富林, 刘杨, 王娅如. 一种基于 Hamming 码的门限多秘密共享方案. 合肥工业大学学报(自然科学版), 2021, 44(5): 711-714, 720.

[24] Das A, Adhikari A. An efficient multi-use multi-secret sharing scheme based on hash

function. Applied Mathematics Letters, 2010, 23(9): 993-996.

[25] Dehkordi M H, Mashhadi S. An efficient threshold verifiable multi-secret sharing. Computer Standards & Interfaces, 2008, 30(3): 187-190.

[26] Ogiela M R, Koptyra K. False and multi-secret steganography in digital images. Soft Computing, 2015, 19(11): 3331-3339.

[27] 董晨, 季姝廷, 张皓宇, 等. 一种面向门限结构的操作式可视多秘密分享方案. 计算机科学, 2020, 47(10): 322-326.

[28] 刘云霞, 贾遂民, 胡明生, 等. 一种基于多秘密共享的 H.264 视频无失真漂移鲁棒隐写方法. 计算机应用研究, 2015, 32(8): 2433-2436.

[29] Liu Y X, Li Z T, Ma X J, et al. A novel data hiding scheme for H.264/AVC video streams without intra-frame distortion drift. 2012 IEEE 14th International Conference on Communication Technology, Chengdu, 2012: 824-828.

第7章　总结与展望

7.1　总　　结

随着互联网的飞速发展和互联网应用的爆发式涌现，人们的日常工作和生活越发依赖网络。然而，人们在享受到网络带来的快捷、便利的同时，网络安全问题却日趋严重，这也将隐写技术推向了研究的前沿。由于视频占据了网络流量的极大比例并且随着短视频应用的普及呈现爆发式增长，视频隐写技术研究越来越受到关注。本书通过对各种视频隐写技术的分析，旨在尽量展现出这些视频隐写技术的特性、挑战以及优缺点。

一个理想而完美的视频隐写算法需要同时具备优异的嵌入容量、不可感知性、鲁棒性和抗篡改性，但这样的算法在现实中并不存在。本书中提及的所有算法都有优点和缺点，难以兼顾所有性能，因此不可避免地会受限于算法的类型和所应用的场景。

视频通常具有数量庞大的帧，所以即使每帧的嵌入容量很小，也依然可以保证秘密信息被完整嵌入。因此在实际应用中，视频隐写技术往往更注重不可感知性和鲁棒性。隐写后的视频载体在通信过程中一旦引起了怀疑，那么遭遇各类隐写分析方法而被侦测出存在秘密信息的风险就非常高，因此视频载体具有良好的视觉质量，能在公开信道传输时不引起怀疑和察觉是至关重要的。秘密信息的准确提取是隐写技术的最终目的，视频载体在网络上传输时，一方面，可能会因恶劣的物理环境而产生丢包、丢帧或比特错误，使秘密信息无法恢复；另一方面，也可能会遭到某些网络攻击(如篡改、重放、重量化或重编码等)而使秘密信息无法恢复，因此在如今网络安全问题日趋严重的背景下，视频隐写算法必须要保证具备足够强的鲁棒性。

在视频隐写技术分类问题上，本书将其分为原始域视频隐写技术和压缩域视频隐写技术两大类。在其他文献中，也有文献将其分为前置式隐写(或称为非压缩域隐写)、内置式隐写(或称为压缩过程隐写)和后置式隐写(或称为压缩后隐写)三大类，本书将内置式隐写和后置式隐写统一归为压缩域隐写技术。

对于原始域视频隐写技术，空域隐写算法较为简单且具有较高的嵌入容量，但空域隐写算法通常鲁棒性很差，难以抵抗视频压缩或篡改，因此原始域视频隐写研究逐渐以变换域技术为主流。

当前视频大多是以压缩格式存在的，原始域视频隐写技术在未压缩的视频中嵌入秘密信息，秘密信息还需经视频压缩，因此，基于压缩域的隐写技术应该是目前视频隐写研究的主流。

7.2　展　　望

视频隐写算法应针对视频编码进行设计，视频编码具有高度相关性，这种相关性包括空间相关性和时间相关性。很多文献中的视频隐写技术都是独立地处理每一个视频帧，通常只利用了视频的空间相关性。如果能够充分利用视频编解码器的特点及运动矢量、运动分量等时间相关特性设计视频隐写技术，相信会更大地提升隐写算法的性能。

视频隐写算法应针对视频的一部分内容作为数据隐藏的载体，而不是使用视频的所有内容，这样可以提高隐写的视觉质量和抗隐写分析能力。例如，利用多目标跟踪技术将秘密信息隐藏到视频的感兴趣区域，如人脸、人体、汽车或任何其他运动对象中。

视频隐写算法应更多尝试与人工智能技术的结合。人工智能自诞生以来，理论和技术日益成熟，应用领域也不断扩大，目前已有学者使用神经网络对视频编码技术进行优化，获得了不错的效果。在隐写研究领域，也有一些学者使用蚁群优化、支持向量机、遗传算法等技术来优化隐写性能，但目前主要应用于图像隐写，还很少应用于视频隐写，因此这方面应该还有很大的研究空间。

3D 视频因能提供真实场景的立体感与视点交互而越来越受到人们的欢迎，是下一代视频应用发展的重要分支。3D 视频因采用多视点拍摄而带来大量的时间和空间冗余数据，应用的广泛性与数据的冗余性使 3D 视频或将成为未来视频隐写技术的首选载体。

目前大部分视频隐写技术在实时编码与解码过程中嵌入秘密信息面临的挑战更多，因此，设计出具有较好的不可感知性、强鲁棒性和抗隐写分析能力的可实时的视频隐写技术算法应该是比较重要的一个研究方向。